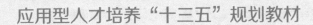

应用型人才培养"十三五"规划教材

土木工程制图与 CAD/BIM技术 实训教程

吴慕辉　谢莎莎　主　编
黄　浦　马朝霞　邓　洋　副主编

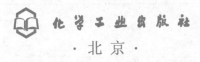
化学工业出版社
·北京·

本实训教程为配合教材《土木工程制图与 CAD/BIM 技术》而编写，全书共分十四章，每章内容包括：实训要求，重、难点分析，典型例题分析，实训任务，单元测试等。各部分内容编排由浅入深，例题分析透彻，实训任务形式多样，单元测试题量、难度适中。全书强调对学生专业知识的传授和操作技能的培养，突出应用性，兼顾基础性、前沿性和创新性，彰显"教、学、做"一体化的教学特点。

　　通过对本课程的学习，培养学生的看图能力、空间想象能力、空间构思能力和徒手绘图、尺规绘图、计算机绘图的能力，为学生今后持续、创造性地学习奠定基础。

　　本书可作为高等学校本科土建类各专业及相关专业工程图学课程教材，也可作为高职高专院校相关专业的教材，还可作为相关企业岗位培训教材和工程技术人员参考用书。

图书在版编目（CIP）数据

土木工程制图与 CAD/BIM 技术实训教程/吴慕辉，
谢莎莎主编 . —北京：化学工业出版社，2017.8（2023.7 重印）
应用型人才培养"十三五"规划教材
ISBN 978-7-122-30024-9

Ⅰ.①土…　Ⅱ.①吴…②谢…　Ⅲ.①土木工程-建筑
制图-AutoCAD 软件-高等学校-教材　Ⅳ.①TU204-39

中国版本图书馆 CIP 数据核字（2017）第 154086 号

责任编辑：李仙华　　　　　　　　　　文字编辑：汲永臻
责任校对：王素芹　　　　　　　　　　装帧设计：王晓宇

出版发行：化学工业出版社（北京市东城区青年湖南街 13 号　邮政编码 100011）
印　　装：涿州市般润文化传播有限公司
787mm×1092mm　1/16　印张 10　字数 253 千字　2023 年 7 月北京第 1 版第 4 次印刷

购书咨询：010-64518888　　　　　　　售后服务：010-64518899
网　　址：http：//www.cip.com.cn
凡购买本书，如有缺损质量问题，本社销售中心负责调换。

定　　价：29.00 元

本书是湖北省高等学校教学研究项目，是湖北第二师范学院优秀教师教学团队研究成果，是湖北第二师范学院精品课程。

本书共分十四章，每章内容包括：实训要求，重、难点分析，典型例题分析，实训任务，单元测试等。各部分内容丰富，分析透彻，强调对学生专业知识的传授和操作技能的培养，突出应用性，兼顾基础性、前沿性和创新性，彰显"教、学、做"一体化的教学特点。

每章的实训要求部分，明确提出了学生应该掌握的知识点。

每章的重、难点分析部分，指出了学习的重点和难点，并对各章的重要内容进行了讲解与分析。

每章的典型例题分析部分，选取了具有代表性的例题进行分析，讲解解题思路，确定解题方法。

每章的实训任务部分，通过练习，提高学生的识图和绘图能力。

每章的单元测试部分，使学生对各章的基本概念、基本理论有进一步的理解和掌握。

本书由湖北第二师范学院负责编写：第一章由吴慕辉编写，第二章由吴慕辉、邓洋编写，第三章、第四章由吴慕辉、王涛编写，第五章至第七章由聂琼编写，第八章、第九章由黄浦编写，第十章至第十二章由马朝霞编写，第十三章由吴慕辉、蒋芳编写，第十四章由谢莎莎、程志远编写，全书由吴慕辉统稿并审稿。

本书编写团队由教授、国家一级注册结构师、国家一级注册建造师、国家监理工程师等"双师型"教师组成，他们将多年的教学经验和多年的工程实践经验融入教材，力求提高教材的实践性和实用性。

本书是《土木工程制图与 CAD/BIM 技术》(由化学工业出版社出版)的配套实训教程。

本书在编写过程中参考了相关的文献资料，在此表示感谢！

本书中不妥和疏漏之处，恳请大家批评指正。

编者
2017 年 3 月

目录
CONTENTS

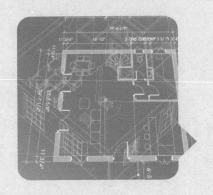

第一章

制图的基本知识

一、实训要求

　　(1) 掌握图线的画法，图线的正确使用与交接。

　　(2) 掌握长仿宋体的书写技巧。

　　(3) 掌握尺寸标注的方法和有关规定。

　　(4) 掌握常用的几何作图方法。

二、本章重、难点分析

　　1. 应用国家制图标准的有关规定绘制工程图样。

　　2. 基本图线有实线、虚线、点画线、折断线、波浪线，每一种图线表达不同的内容。

　　3. 工程图中常用的线是：粗实线、细实线、中虚线、细单点画线。

　　① 粗实线—宽度为 b，绘制可见轮廓线时，用 B 或 2B 铅笔。

　　② 细实线—宽度为 0.25b，绘制辅助线时，用 H 或 2H 铅笔。

　　③ 细实线—宽度为 0.25b，绘制可见轮廓线、尺寸线、尺寸界线时，用 HB 铅笔。

　　④ 中虚线—宽度为 0.5b，绘制不可见轮廓线，用 B 或 2B 铅笔。

　　⑤ 细单点画线—宽度为 0.25b，绘制中心线、对称线、定位轴线等，用 HB 铅笔。

　　4. 一个完整的尺寸由尺寸界线、尺寸线、尺寸起止符号和尺寸数字四部分组成。

　　5. 连接圆弧与两已知圆弧外切时，应分别以已知圆弧的圆心为圆心，以连接圆弧半径与已知圆弧半径之和为半径画圆弧求出连接圆弧的圆心。

　　6. 连接圆弧与两已知圆弧内切时，应分别以已知圆弧的圆心为圆心，以连接圆弧半径与已知圆弧半径之差为半径画圆弧求出连接圆弧的圆心。

三、典型例题分析

　　例 1-1 在方格内书写长仿宋体字。

框 架 窗 勒 脚 章 姓 名 土 木 工 程 制 图

→ **分析指导**

工程图样上书写的文字、数字、字母用 HB 铅笔。

书写长仿宋体字的特点是笔画挺直，突出笔锋，应做到以下几点：

（1）要求　字体端正、笔画清晰、排列整齐、间隔均匀。

（2）要领　横平竖直、注意起落、结构匀称。

①"架"由上、下两个部分组成，分别占 1/2 的位置。

②"窗"由上、下两个部分组成，上边占 1/3 的位置，下边占 2/3 的位置。

③"勒"由左、右两个部分组成，分别占 1/2 的位置。

④"框"由左、右两个部分组成，左边占 1/3 的位置，右边占 2/3 的位置。

⑤"章"由上、中、下三个部分组成，分别占 1/3 的位置。

⑥"脚"由左、中、右三个部分组成，分别占 1/3 的位置。

（3）规格　宽约为高的 2/3。

例 1-2 按图样所示，在空白处作图线练习。

→ **分析指导**

（1）作图前，准备好三种型号的铅笔。

（2）用 B 或 2B 铅笔画粗实线，用 B 或 2B 铅笔画虚线，虚线线段应长度相等，间隔一致。

（3）用 H 或 2H 铅笔画细实线，用 HB 铅笔画点画线，点画线的线应长度相等，点画线的点应以短画作出。

（4）点画线与点画线交接或点画线与其他图线交接时，应是线段交接。

（5）虚线与虚线交接或虚线与其他图线交接时，应是线段交接。

四、实训任务

1. 字体练习

土 木 工 程 制 图 房 屋 东 南 西 北 方 向

平 立 剖 面 设 计 说 明 基 础 墙 柱 梁 板

框 架 结 构 楼 梯 门 窗 阳 台 雨 篷 勒 脚

2. 字母与数字练习

A型字体(笔画宽度为字高的1/14)

h ABCDEFGHIJKLMNOPQRSTUVWXYZ

$(10/14)h$ abcdefghijklmnopqrstuvwxyz

1234567890

IV

Φ

X

ABCabc123 I V Φ 75°

3. 尺寸标注（抄画）

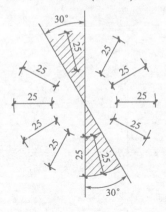

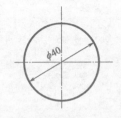
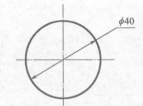

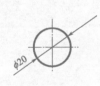
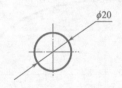

4. 几何作图

(1) 五角星

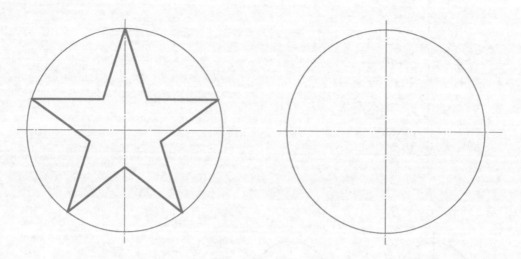

(2) 作椭圆

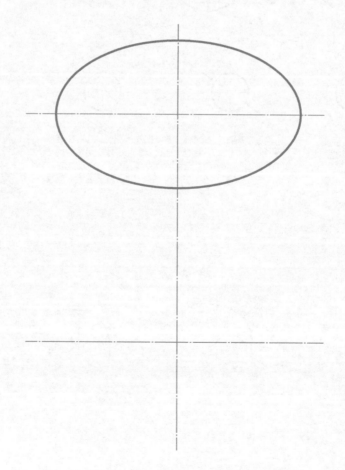

5. 圆弧连接

已知小圆半径为15mm，大圆半径为25mm，中心距为50mm，内切圆弧半径为60mm，外切圆弧半径20mm，在图形下方，按照所给尺寸作图。

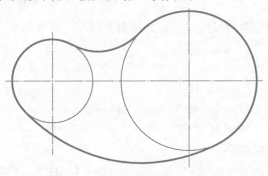

五、单元测试

（一）填空题

1. 图纸幅面代号有＿＿＿＿、＿＿＿＿、＿＿＿＿、＿＿＿＿、＿＿＿＿图纸。

2. A3幅面图纸的尺寸是＿＿＿＿＿＿＿＿＿＿＿。

3. 绘图的比例为5∶1是指图上所绘尺寸是实际物体尺寸的＿＿＿＿倍。

4. 工程图样上的汉字应写成＿＿＿＿字。

5. 图线中的粗线、中粗线、细线三种线宽之比为＿＿＿＿＿＿＿。

6. 在工程图中，数字和字母有＿＿＿＿和＿＿＿＿两种。

7. 图样上构件的线段长为30mm，其尺寸数字为3000，该图样的比例为＿＿＿＿。

8. 图样上标注的尺寸由＿＿＿＿、＿＿＿＿、＿＿＿＿和＿＿＿＿四部分组成。

9. 尺寸数字一般应依据其方向注写在靠近尺寸线的＿＿＿＿和＿＿＿＿。

10. 椭圆画法有多种，常用的有＿＿＿＿＿＿＿＿和＿＿＿＿＿＿。

（二）选择题

1. 中心线、定位轴线、对称线采用（　　）。

A. 粗实线　　　　　　　　B. 虚线　　　　　　　　C. 细点画线

2. 在制图中给出的未加标明的线性尺寸的数据，其单位是（　　）。

A. m　　　　　　　　　　B. cm　　　　　　　　　C. mm

3. 粗实线是用来表示（　　　）。

A. 不可见轮廓线　　　　　B. 可见轮廓线　　　　　C. 折断线

4. 比例写在图名的右侧时，字的基准线与图名的基准线底部平齐，字体比图名字体（　　　）。

A. 相同　　　　　　　　B. 大一号　　　　　　　C. 小一号

5. 尺寸起止符号用中粗斜短线绘制，其倾斜方向应与尺寸界线成顺时针（　　　）。

A. 30°角　　　　　　　B. 45°角　　　　　　　C. 60°角

6. 尺寸数字的高一般为 3.5mm，全图一致，数字常书写成（　　　）。

A. 60°斜体字　　　　　B. 75°斜体字　　　　　C. 90°斜体字

7. 标注圆的直径尺寸时，直径数字前应加直径符号（　　　）。

A. "ϕ"　　　　　　　B. "$S\phi$"　　　　　　C. "R"

8. 标注坡度时，坡度数字可写成（　　　）。

A. 比例形式　　　　　　B. 百分比形式　　　　　C. 直角三角形的形式

9. 已知两圆弧半径为 R_1 和 R_2，连接圆弧半径为 R，外接两圆弧时，应以（　　　）。

A. $(R+R_1)$，$(R+R_2)$ 为半径画圆弧

B. $(R-R_1)$，$(R-R_2)$ 为半径画圆弧

10. 已知两圆弧半径为 R_1 和 R_2，连接圆弧半径为 R，内接两圆弧时，应以（　　　）。

A. $(R+R_1)$，$(R+R_2)$ 为半径画圆弧

B. $(R-R_1)$，$(R-R_2)$ 为半径画圆弧

（三）简答题

1. 绘图铅笔有几种型号？各画什么线型？

2. 工程图样中的线型有哪几种？各有什么用途？

3. 简述徒手绘圆的步骤。

4. 简述同心圆法画椭圆的步骤。

5. 图纸幅面尺寸有 5 种，各为多少？各种幅面尺寸有何规律？

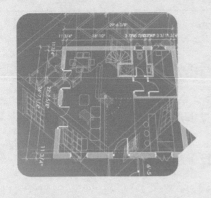

第二章

正投影原理

一、实训要求

(1) 掌握点及各种位置直线、平面的投影特性及作图方法。

(2) 能准确判断点、直线、平面的各种相对位置关系。

(3) 掌握各种位置直线、平面的三面投影与投影面间倾角的作图方法。

(4) 掌握平面内定点、定线的作图方法。

(5) 掌握直线与平面，平面与平面相交求交点、交线的作图方法。

(6) 初步掌握解一般综合性问题的方法和步骤。

二、本章重、难点分析

1. 投影法

2. 正投影的基本特性

正投影的基本特性 {实形性（或度量性）、积聚性、类似性、定比性、从属性、平行性

3. 三面正投影图的投影规律

长对正、高平齐、宽相等。

4. 两点的相对位置

(1) 相对位置的判定　比较坐标值的大小。

坐标值大的点，在左、前、上方，坐标值小的点，在右、后、下方。

（2）重影点可见性判定　比较坐标值的大小。

坐标值大的点可见，即上见下不见，左见右不见，前见后不见。

5. 直线的投影

（1）投影面平行线的投影规律　在所平行的投影面上的投影反映实长，并反映与另两投影面的真实倾角，在另外两面的投影平行于相应的投影轴。

（2）投影面垂直线的投影规律　在所垂直的投影面上的投影积聚为一点，在另外两面的投影分别垂直于相应的投影轴，且反映实长。

（3）一般位置直线的投影规律　在三个投影面上的投影都倾斜于投影轴。三个投影均不反映实长，也不能反映直线与投影面的真实倾角。

6. 直角三角形法求一般位置直线的实长和倾角

（1）四个参数，即投影长、坐标差、实长和倾角的对应关系：

① 在 H 面作直角三角形对应的参数为：α、ΔZ、投影长、实长。

② 在 V 面作直角三角形对应的参数为：β、ΔY、投影长、实长。

③ 在 W 面作直角三角形对应的参数为：γ、ΔX、投影长、实长。

（2）作图过程中的三不变原则

① 先定出一直角边，另一直角边从该边的哪一个端点画直角三角形，其结果不变。

② 先定出一直角边，另一直角边从该边的哪一个方向画直角三角形，其结果不变。

③ 无论直角三角形画在投影图上什么位置，其结果不变。

7. 直线上点的投影特性

（1）直线上的点的投影，必在直线的同面投影上，且符合点的投影规律（从属性）。

（2）直线上的点分线段的长度比等于点的投影分线段的同面投影长度比（定比性）。

判断点是否在直线上的作图方法有：

① 作第三面投影；

② 利用定比性。

8. 两直线的相对位置

（1）平行两直线的投影特性：平行两直线同面投影相互平行。

（2）相交两直线的投影特性：相交两直线同面投影相交且交点符合点的投影规律。

（3）交叉两直线的投影特性：交点是一对重影点，不符合点的投影规律。

9. 直角投影定理

互相垂直的两直线（垂直相交或垂直交叉），如果其中有一条直线是某一投影面的平行线，则两直线在该投影面上的投影互相垂直，且反映直角。

利用直角投影定理可以解决与垂直、距离有关的问题。

10. 平面的投影

（1）投影面平行面的投影规律　在所平行的投影面上反映实形，另两面投影积聚为直线，且平行于相应的投影轴。

（2）投影面垂直面的投影规律　在所垂直的投影面上积聚为直线，且反映该平面对另外两个投影面的倾角，在另两面的投影均为类似形。

（3）一般位置平面的投影规律　在三个投影面上的投影，都不反映实形，均为类似形。

11. 平面上的点和直线

（1）平面上的点，必在该平面的直线上；

（2）平面上的直线必通过平面上的两点或通过平面上的一点且平行于平面上的另一直线。

12. 平面内对投影面的最大斜度线

求平面对某一投影面的倾角需要求出平面内最大斜度线对该投影面的倾角。

（1）求 α 角　作 H 面的平行线，用对 H 面的最大斜度线。

（2）求 β 角　作 V 面的平行线，用对 V 面的最大斜度线。

（3）求 γ 角　作 W 面的平行线，用对 W 面的最大斜度线。

13. 直线与平面、平面与平面的平行关系

（1）直线与平面平行　直线的各面投影必与平面内一直线的同面投影平行。

（2）平面与平面平行　平面内的两相交直线分别平行于另一平面内的两相交直线。

14. 直线与平面、半面与平面的相交关系

相交问题包含：直线与平面相交求交点，平面与平面相交求交线。

（1）如果给定条件中有一要素具有特殊性，可以利用特殊位置直线（或平面）的投影直接判断求解。

（2）如果给定条件为一般位置，可以利用辅助平面法求解。

一般位置直线与一般位置平面相交的作图步骤如下：

① 过已知直线作一辅助平面（特殊位置平面）——"过线作面"。

② 求出辅助平面与已知平面的交线——"面、面交线"。

③ 求出交线与已知直线的交点——"线、线交点"。

两一般位置平面相交的作图步骤为：重复利用两次一般位置直线与一般位置平面相交求交点的步骤，求出两个交点，两交点所决定的直线为两一般位置平面的交线。

15. 直线与平面、 平面与平面的垂直关系

（1）如果一直线垂直于平面内两相交直线，则该直线与平面垂直。

（2）如果一平面通过另一平面的一条垂线，则两平面垂直。

16. 解题的方法

（1）基本题　利用基本概念和投影特性求解。

（2）一般题　利用相互关系直接求解。

（3）综合题　在点、线问题中解决不了则要用面去解决。

三、典型例题分析

例 2-1　如图 2-1(a) 所示，已知直线 AB，求作 AB 上的 C 点，使 $AC : CB = 3 : 2$。

→ 分析指导

根据直线上点的投影特性，由 A 或 B 点作一直线，且直线长度为 5 个单位，作图过程如图 2-1(b) 所示。

→ 作图步骤

（1）自 b 任引一直线，以任意直线长度为单位长度，从 b 依次量取 5 个单位，得 1、2、

3、4、5点。

(2) 连 5 与 a，作 $2c//5a$，与 ab 相交于 c 点。

(3) 由 c 引投影连线与 $a'b'$ 交得 c' 点，c' 与 c 即为所求的 C 点的两面投影。

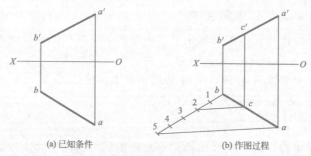

(a) 已知条件　　　　(b) 作图过程

图 2-1　作分割 AB 成 3∶2 的 C 点

🖑 **例 2-2**　如图 2-2 所示，判断图中两直线是否垂直？

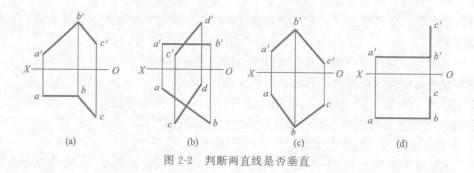

(a)　　　　(b)　　　　(c)　　　　(d)

图 2-2　判断两直线是否垂直

→ **分析指导**

根据直角投影定理知，互相垂直的两直线，如果其中有一条直线是某一投影面的平行线，则两直线在该投影面上的投影互相垂直且反映直角。因此，观察题目中所给的投影条件，符合直角投影定理均为垂直两直线。

【题解】图 2-2(a)、(b)、(d) 两直线垂直，图 2-2(c) 两直线不垂直。

🖑 **例 2-3**　如图 2-3(a) 所示，已知 AB 线段的正面投影和倾角 $\beta = 30°$，求水平投影。

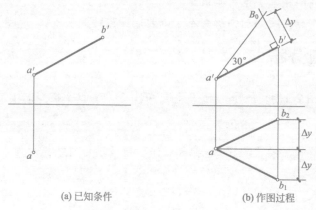

(a) 已知条件　　　　(b) 作图过程

图 2-3　求直线的水平投影

分析指导

　　利用直角三角形法，已知四个参数中的两个便可求解，作图过程如图 2-3(b) 所示。

→ 作图步骤

　　(1) 过 b' 点作 $b'B_0 \perp a'b'$。

　　(2) 作 $\angle B_0 a'b' = 30°$，得到直角三角形 $B_0 a'b'$，其中 $B_0 b' = \Delta y$。

　　(3) 量取 Δy 可通过 a 点求得两个解：ab_1 和 ab_2 即为所求。

例 2-4　如图 2-4(a) 所示，过 K 点作直线垂直于 AB、CD 两交叉直线。

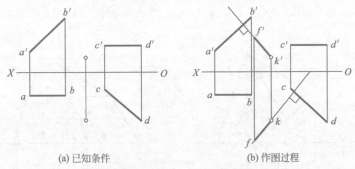

(a) 已知条件　　　　　　　　(b) 作图过程

图 2-4　作两交叉直线的垂线

→ 分析指导

　　由直角投影定理知：互相垂直的两直线（垂直相交或垂直交叉），如果其中有一条直线是某一投影面的平行线，则两直线在该投影面上的投影互相垂直，且反映直角。图中 AB 为正平线，CD 为水平线，所以，可在 V 面和 H 面上作垂线，作图过程如图 2-4(b) 所示。

→ 作图步骤

　　(1) 过 k' 点作 $k'f' \perp a'b'$。

　　(2) 过 k 点作 $kf \perp cd$。

　　(3) $k'f'$ 和 kf 即为所求。

例 2-5　如图 2-5(a) 所示，在平面 ABC 内取一点 K，距 H 面、V 面均为 20mm。

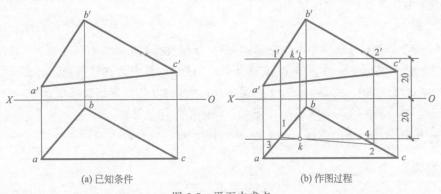

(a) 已知条件　　　　　　　　(b) 作图过程

图 2-5　平面内求点

→ 分析指导

本题要求的 K 点是平面 ABC 与距 H 面为 20mm 的水平面和距 V 面为 20mm 的正平面的三面交点，作图过程如图 2-5(b) 所示。

→ 作图步骤

(1) 在 V 面作 Z 坐标为 20mm 的水平面交△a′b′c′得 1′2′交线，根据投影规律在 H 面求出 12 线。

(2) 在 H 面作 Y 坐标为 20mm 的正平面交△abc 得 34 交线。

(3) 在 H 面上 12 与 34 相交得 K 点，根据投影规律求出 K′点。

例 2-6 如图 2-6(a) 所示，小球从 K 点滚动到地面，求小球的滚动轨迹。

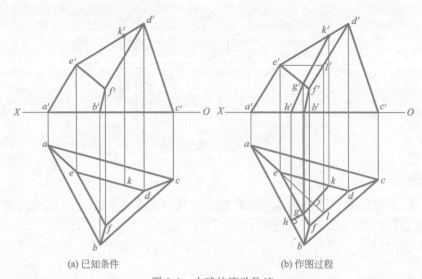

(a) 已知条件　　　　　(b) 作图过程

图 2-6　小球的滚动轨迹

→ 分析指导

小球从 K 点滚动到地面的滚动轨迹，就是求 K 点在平面 DEF 和平面 ABFE 内对 H 面的最大斜度线。先在平面△d′e′f′内作一条水平线，可以求得过 k′点对 H 面的最大斜度线 kg 和 k′g′，在平面 a′b′f′e′内 a′b′是水平线，可以求得过 g′点对 H 面的最大斜度线 gh 和 g′h′，因此，KGH 就是所求，作图过程如图 2-6(b) 所示。

→ 作图步骤

(1) 作 e′l′∥OX 轴，再由 l′作投影连线与 df 相交得 l 点。

(2) 过 k 点作 kg⊥el 线，与 ef 交得 g 点，再由 kg 作投影连线得出 k′g′。

(3) 过 g 点作 gh⊥ab 线，与 ab 交得 h 点，再由 gh 作投影连线得出 g′h′。

(4) k′g′h′、kgh 就是小球从 K 点滚动到地面的滚动轨迹。

例 2-7 如图 2-7(a) 所示，求点 K 到直线 AB 的距离。

→ 分析指导

求点到直线的距离，就是过点作直线的垂直面 KCD，再求出该面与直线的交点，最后求交点到已知点的实长即可，作图过程如图 2-7(b) 所示。

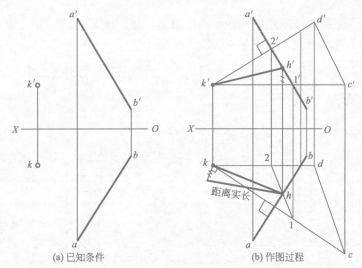

(a) 已知条件　　　　　　　　　(b) 作图过程

图 2-7　求点到直线的距离

→ 作图步骤

(1) 作 $k'c'$ // OX 轴，再作 $kc \perp ab$ 线。

(2) 作 kd // OX 轴，再作 $k'd' \perp a'b'$。

(3) 分别过 $1'$、$2'$ 点作投影连线得 1、2 点。

(4) 由 12 线与 ab 相交得出交点 h，过 h 点作投影连线得 h' 点。

(5) 连线 $k'h'$ 和 kh 即为点到直线距离的投影，再由直角三角形法求得距离的实长。

例 2-8　如图 2-8(a) 所示，过点 G 作平面 $ABCD$ 的垂线，并求其垂足。

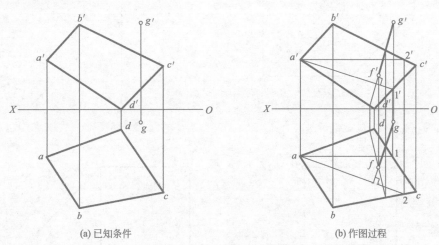

(a) 已知条件　　　　　　　　　(b) 作图过程

图 2-8　求点到平面的距离

→ 分析指导

　　首先过点 G 作直线垂直于平面 $ABCD$，然后求出垂线与平面相交的交点即垂足 F，作图过程如图 2-8(b) 所示。

→ **作图步骤**

(1) 在平面 ABCD 内作水平线和正平线的投影，即作 a′2′，a2，a1，a′1′。

(2) 过 G 点作垂线垂直 a′1′ 和垂直 a2。

(3) 按照一般位置直线与一般位置平面相交求交点的方法求得垂足 F。

四、实训任务

1. 已知点的两面投影图，补全点的第三面投影。

(1)

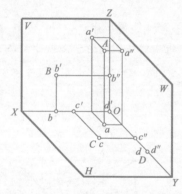

(2)

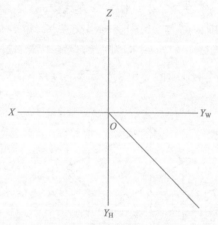

2. 根据点的直观图，从图中量取坐标值，画出投影图。

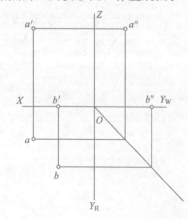

3. 根据点的三面投影图，作直观图。

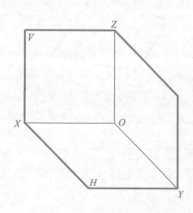

4. 根据点的已知条件，求点的三面投影并完成表格（单位：mm）。

(1)

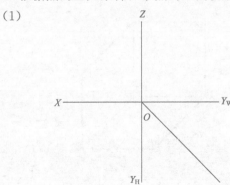

点	X	Y	Z	距H	距V	距W
A	15	20	0			
B	0	15	10			
C	20	10	15			
D	0	0	15			

(2)

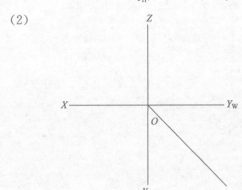

点	距H	距V	距W	X	Y	Z
A	20	15	0			
B	0	10	20			
C	15	20	25			
D	10	0	20			

5. 补全点的投影图，标注重影点并比较两点的相对位置。

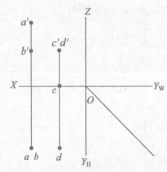

(　　)点最前　　(　　)点最后

(　　)点最高　　(　　)点最低

(　　)点最左　　(　　)点最右

点A在点B的(　　　)方，Δ(　　　)mm。

点B在点C的(　　　)方，Δ(　　　)mm。

点C在点D的(　　　)方，Δ(　　　)mm。

点D在点A的(　　　)方，Δ(　　　)mm。

6. 已知点A到三投影面的距离均为10，B点在H面上，且B点在A点前方10，左方5，C点在A点的正上方10，完成A、B、C点的投影。

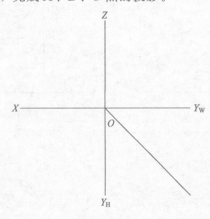

7. 已知 *A* (25，20，5)、*B* (5，10，20)，作直线的直观图和投影图。

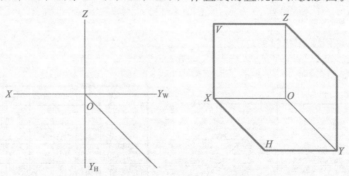

8. 已知 *AB* 为一般位置直线，点 *B* 在点 *A* 的左方 20，后方 10，上方 15。

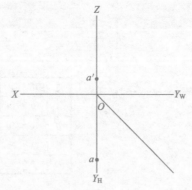

9. 补线段的第三面投影，注明是何种位置直线，将反映实长的投影填在括号内。

(1)　　　　　　　　　　　　　(2)

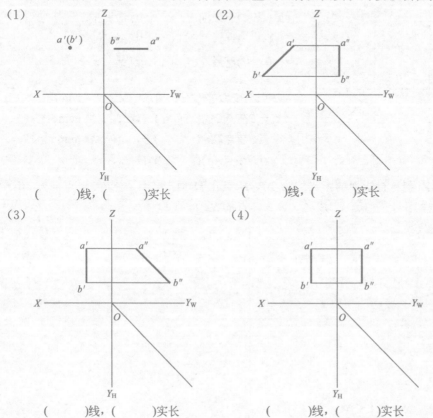

（　　）线，（　　）实长　　　（　　）线，（　　）实长

(3)　　　　　　　　　　　　　(4)

（　　）线，（　　）实长　　　（　　）线，（　　）实长

(5) 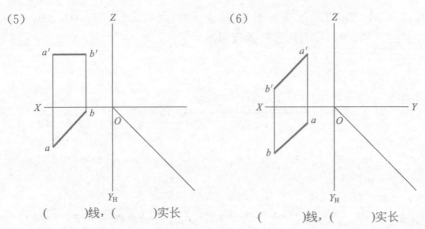（6）

（　　　）线，（　　　）实长　　　　　（　　　）线，（　　　）实长

10. 补全三棱柱的投影，注明重影点的可见性，判断各棱线的空间位置。

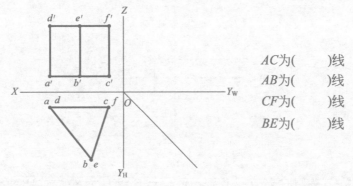

AC为（　　　）线

AB为（　　　）线

CF为（　　　）线

BE为（　　　）线

11. 求三棱锥的第三面投影，判断各棱线的空间位置。

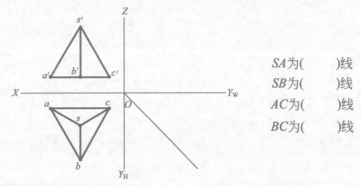

SA为（　　　）线

SB为（　　　）线

AC为（　　　）线

BC为（　　　）线

12. 求三棱锥的第三面投影，注明重影点的可见性，判断各棱线的空间位置。

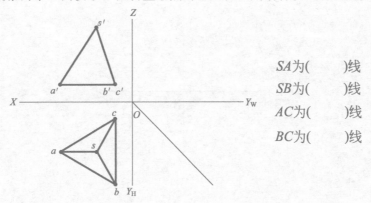

SA为（　　　）线

SB为（　　　）线

AC为（　　　）线

BC为（　　　）线

13. 已知直线 AB 和 CD 的端点坐标分别为 A（20，10，20），B（0，20，10），C（40，10，10），D（10，30，0）作出两直线的投影图。

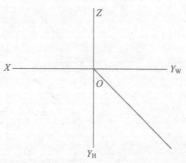

14. 过点 A 作 AB 为 25、β 为 60°的水平线和 AC 为 20 的铅垂线（只求一个解）。

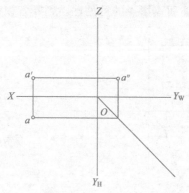

15. 已知直线 AB 为侧平线，点 A 距 H 面 5，点 B 距 H 面 20、求 AB 直线的另两面投影。

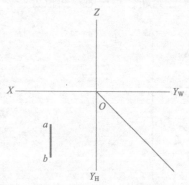

16. 已知直线 CD 为正垂线，实长为 20，点 D 距 V 面 5，求 CD 直线的另两面投影。

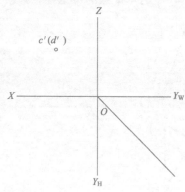

17. 判断下列各直线的相对位置及与投影面的夹角。

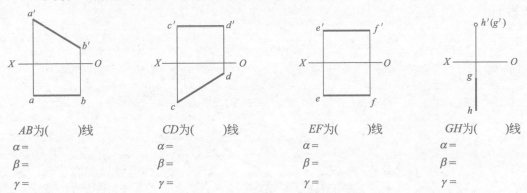

AB为(　　)线
α＝
β＝
γ＝

CD为(　　)线
α＝
β＝
γ＝

EF为(　　)线
α＝
β＝
γ＝

GH为(　　)线
α＝
β＝
γ＝

18. 已知 A 点坐标为（5，10，15），过 A 点作正平线 AB，AB 实长为 20，α＝30°，求 AB 的投影。

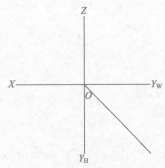

19. 已知 CD∥H 面，CD 距 H 面为 20mm，求 CD 的投影。

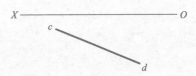

20. 求直线 AB 的实长及直线 AB 与投影面的倾角 α、β、γ。

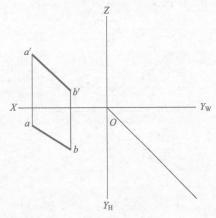

21. 已知直线 *AB* 实长为 40 及 *AB* 的水平投影、*B* 点的正面投影，求 *AB* 直线的正面投影。

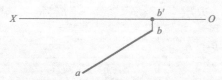

22. 已知直线 *AB* 对 *H* 面的倾角 30°，求其水平投影。

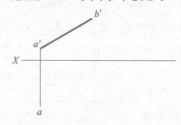

23. 已知 *AB* 为侧平线，*AB* 的实长 25，与 *V* 面倾角 60°，距 *W* 面 15，求其三面投影。

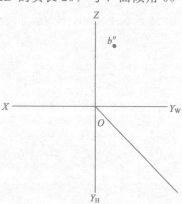

24. 已知 *AB* 平行 *V* 面，距 *V* 面 15，求其另两面投影。

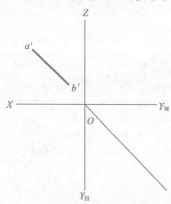

25. 过点 K 作一正平线 KL，到 V 面距离 20，两端点 Z 坐标之差和 X 坐标之差为 15。

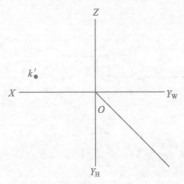

26. 已知 A 点的三面投影，AB 为水平线，与 W 面的倾角为 45°，实长 25。

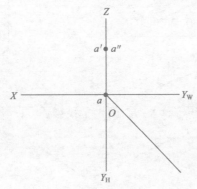

27. 判断点是否在直线上。

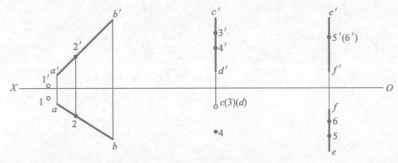

1 点（　　）直线 AB 上，3 点（　　）直线 CD 上，5 点（　　）直线 EF 上；

2 点（　　）直线 AB 上，4 点（　　）直线 CD 上，6 点（　　）直线 EF 上。

28. 已知点 K 在直线 MN 上且距 H 面 10，求其两面投影。

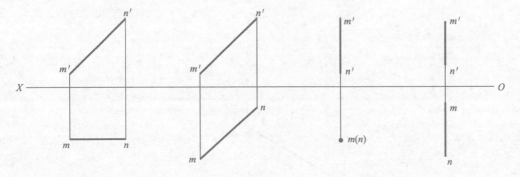

29. 已知点 K 在直线 MN 上，且 MK ：$KN = 2$ ：3，求 K 点的投影。

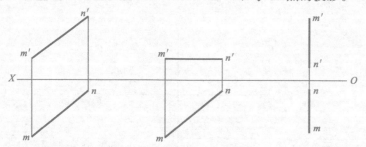

30. 在直线 AB 上求一点 K，使 AK 的实长为 20mm。

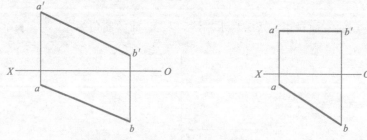

31. 已知直线 AB 与 BC 相等，求 BC 的水平投影。

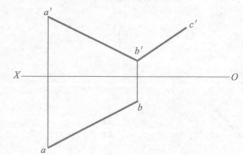

32. 已知线段 CD 对 V 面的倾角为 30°，完成其投影。

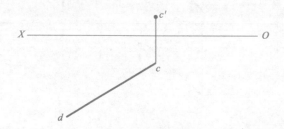

33. 判断两直线的相对位置（平行、相交、交叉）。

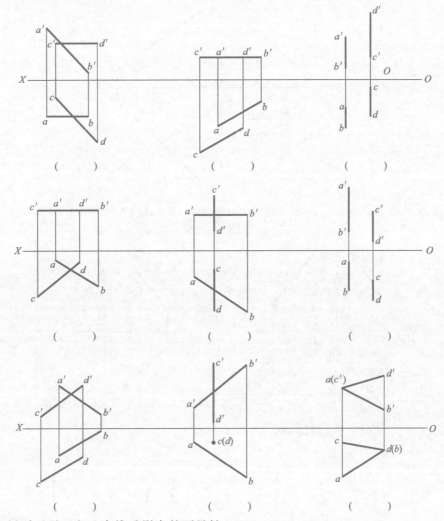

( ) ( ) ( )

( ) ( ) ( )

( ) ( ) ( )

34. 判别下列两交叉直线重影点的可见性。

（1） （2）

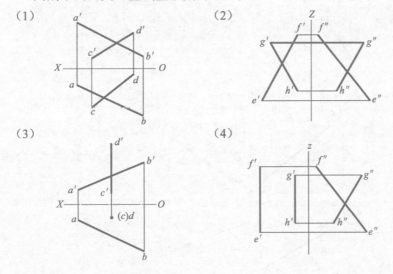

（3） （4）

35. 作一直线 MN，使 MN 平行于 AB 并与 CD、EF 相交。

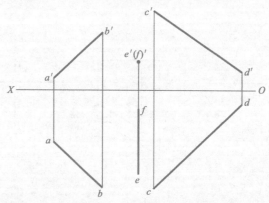

36. 过点 E 作直线 MN，使它与直线 AB 平行，并与直线 CD 相交。

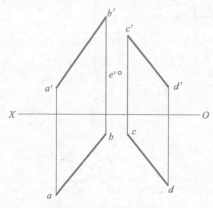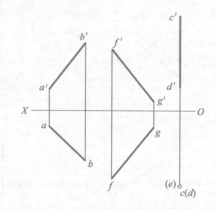

37. 作正平线与下列三直线均相交。

（1）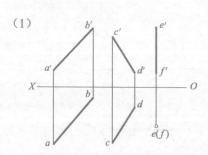　（2）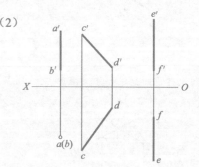

38. 作一水平直线 MN 与 H 面相距 15mm，并与 AB、CD 相交。

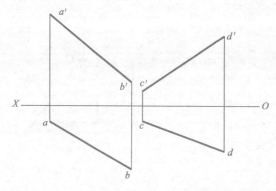

39. 判别下列两直线是否垂直。

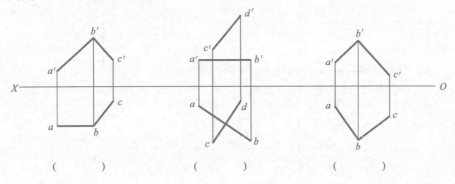

（　　） （　　） （　　）

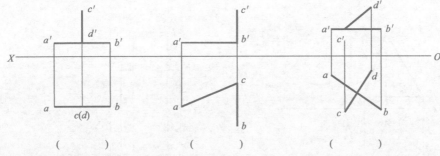

（　　） （　　） （　　）

40. 求直线 *AB* 与 *CD* 之间的距离。

（1）

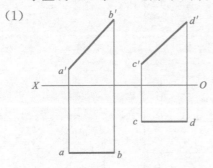

（2）

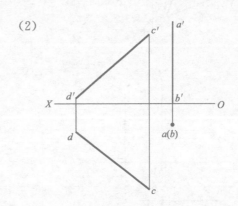

（3）

（4）

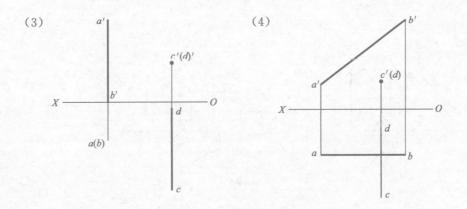

41. 已知点 K 到直线 AB 的距离为 30mm，求 K 点的 H 面投影。

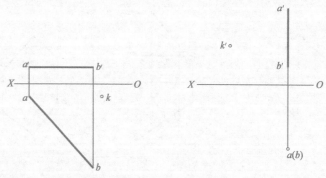

42. 补全平面的第三投影，并判别各平面的空间位置。

(1)
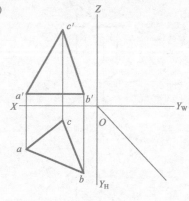

(　　　　)

(2)
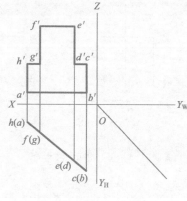

(　　　　)

(3)
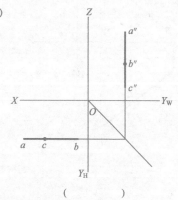

(　　　　)

(4)
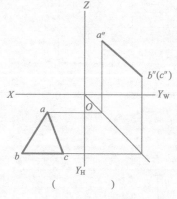

(　　　　)

(5)
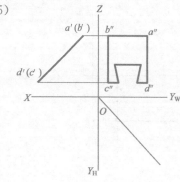

(　　　　)

(6)
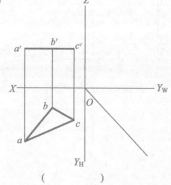

(　　　　)

43. 已知直线 AB 垂直 BC 且相等，点 C 在 H 面内，求直线 BC 的两面投影。

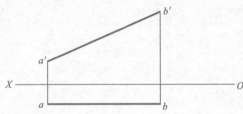

44. 根据题中已知条件，包含直线 AB 作平面图形。

(1) 作等边三角形 ABC 平行于 H 面。

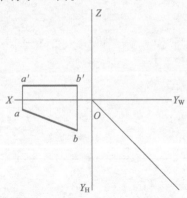

(2) 以 AB 为对角线作正方形垂直 W 面。

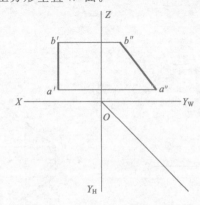

45. 已知矩形 *ABCD* 的部分投影，*AD* 边的真长为 25mm，完成其两面投影。

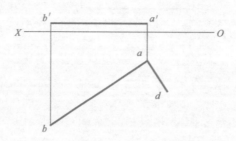

46. 过 *B* 点作矩形 *ABCD*，矩形短边 *AB* 为 25mm，长边 *BC* 为 40，且垂直 *H* 面，与 *V* 面倾角 30°，完成其两面投影。

47. 判断 *A*、*B* 两点是否在下列平面上。

(1)

(2)

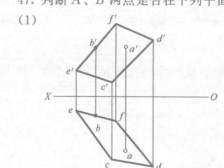
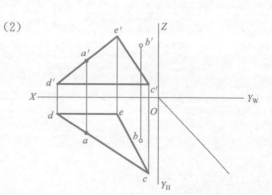

48. 已知点和直线在平面上，完成另一投影。

(1)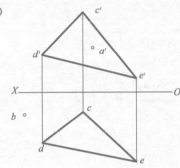

(2)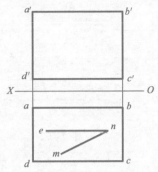

49. 在平面内作一水平线和一正平线，它们距 V 面和 H 面距离均为 15mm。

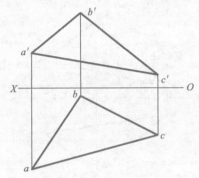

50. 已知正方形 $ABCD$ 垂直 W 面，$\alpha = 60°$，对角线 AC 为侧平线长 30，求正方形的三面投影。

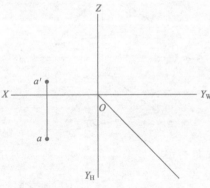

51. 完成平面五边形的正面投影。

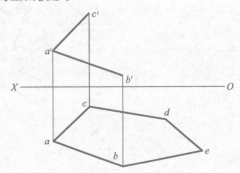

52. 已知平面 $ABCD$ 的边 AB 平行于 V 面，完成平面 $ABCD$ 的水平面投影。

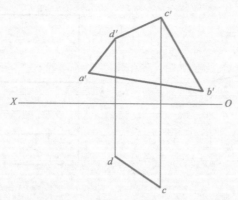

53. 求平面 ABC 对 V 面的倾角。

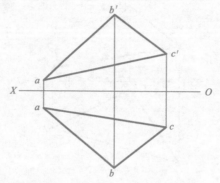

54. 求平面 ABC 对 H 面的倾角和过 B 点对 H 面的最大斜度线。

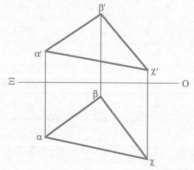

55. 判断下列直线与平面是否平行。

（1）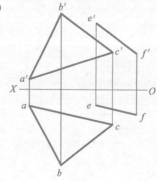　　　　（2）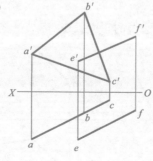

(3)

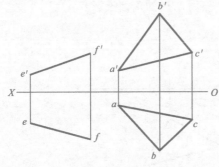

(4)

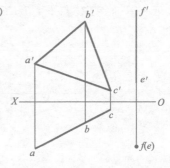

56. 过点 K 作一水平线与平面 ABC 平行。

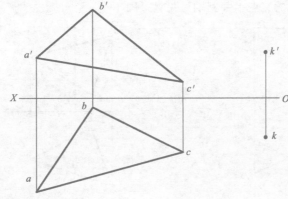

57. 判断下列两平面是否平行。

(1)

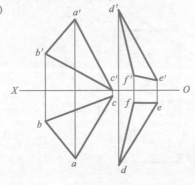

(2)

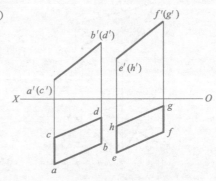

(3)

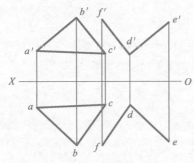

(4)

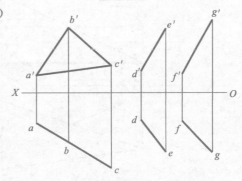

58. 已知平面 ABC 与平面 DEF 平行，求平面 DEF 的正面投影。

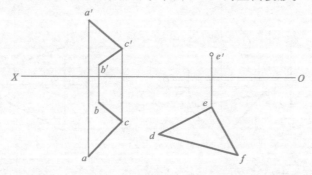

59. 求直线与平面的交点，并判别可见性。

(1)

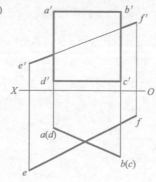

(2)

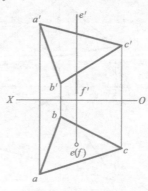

(3)

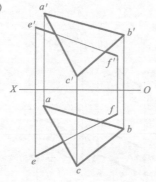

(4)

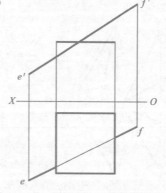

(5)

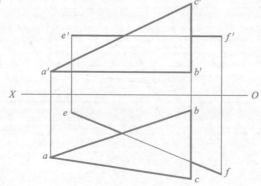

60. 求平面与平面的交线，并判别可见性。

(1)
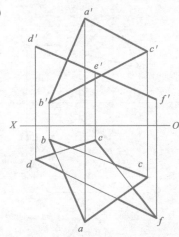

(2)
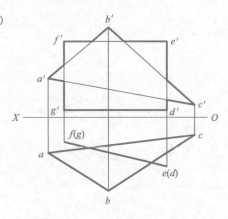

(3)
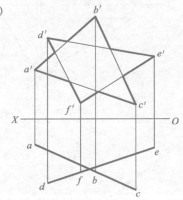

(4)
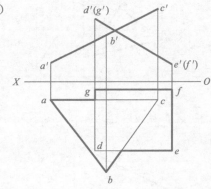

(5)
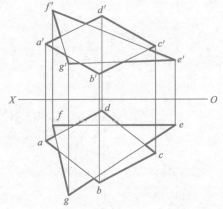

(6)
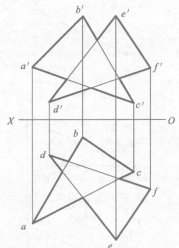

61. 判断下列直线与平面是否垂直。

(1)

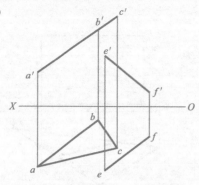

(2)

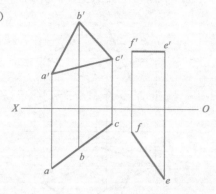

(3)

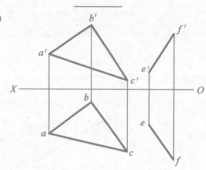

(4)

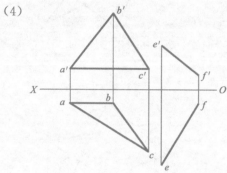

62. 过 K 点作平面垂直于已知直线。

(1)

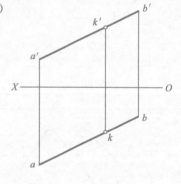

(2)

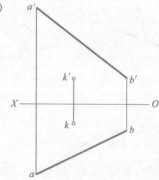

63. 求点 K 到平面的距离。

(1)

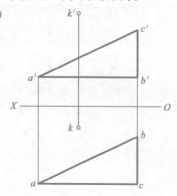

(2)

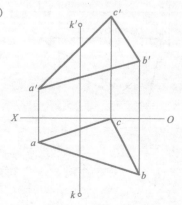

64. 求点到直线的距离。

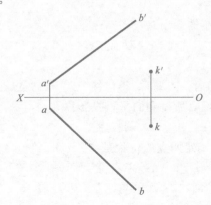

65. 过 K 点作平面垂直于已知平面。

(1)
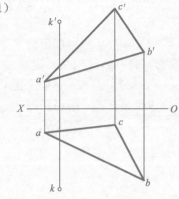

(2)
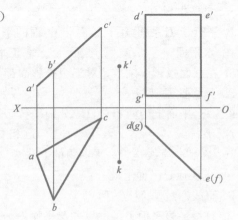

五、单元测试

（一）填空题

1. 三视图的投影规律是_____、_____和_____。

2. 工程中常用的投影图有_____、_____、_____和_____。

3. X 坐标表示到_____的距离，Y 坐标表示到_____的距离，Z 坐标表示到_____的距离。

4. 两点的相对位置是指空间两点_____、_____、_____的位置关系。

5. V 面投影反映两点的_____、_____关系，H 面投影反映两点的_____、_____关系，W 面投影反映两点的_____、_____关系。

6. α 表示直线对_____面的倾角，β 表示直线对_____面的倾角，γ 表示直线对_____面的倾角。

7. 直线对投影面的相对位置有三种：_____、_____和_____。

8. 平面对投影面的相对位置有三种：_____、_____和_____。

9. 空间两直线的相对位置有三种：_____、_____和_____。

10. 直线与平面、平面与平面的相对位置有三种：_____、_____和_____。

（二）选择题

1. 确定物体的形状和大小需画出（　　）。

A. 单面正投影图　　　　　　　B. 双面正投影图　　　　　　C. 多面正投影图

2. 正投影的基本特性是（　　）。

A. 实形性　　　B. 积聚性　　　C. 类似性　　　D. 从属性　　　E. 定比性

3. 投射方向垂直于投影面，所得到的平行投影称为（　　）。

A. 正投影　　　　　　　　　　B. 斜投影　　　　　　　　　C. 中心投影

4. 比较 Z 坐标大小可以确定两点的位置是（　　）。

A. 上下位置　　　　　　　　　B. 左右位置　　　　　　　　C. 前后位置

5. 平行于 W 面倾斜于 V 面和 H 面的直线是（　　）。

A. 水平线　　　　　　　　　　B. 侧平线　　　　　　　　　C. 正平线

6. 正垂线聚积为一点的投影面是（　　）。

A. 水平投影面　　　　　　　　B. 正立投影面　　　　　　　C. 侧立投影面

7. 平行于 H 面垂直于 V 面和 W 面的平面是（　　）。

A. 水平面　　　　　　　　　　B. 正平面　　　　　　　　　C. 侧平面

8. 在三面投影体系中，对三个投影面都倾斜的平面称为（　　）。

A. 投影面垂直面　　　　　　　B. 投影面平行面　　　　　　C. 一般位置平面

9. 一个平面上的两相交直线分别平行于另一平面上的两相交直线，则两平面（　　）。

A. 平行　　　　　　　　　　　B. 相交　　　　　　　　　　C. 交叉

10. 判别一直线是否在平面内的方法为（　　）。

A. 直线通过平面上的一点

B. 直线通过平面上的两点

C. 直线通过平面上的一点并与平面上另一直线平行

（三）简答题

1. 点和直线在平面上的几何条件是什么？

2. 直线与平面平行、平面与平面平行的几何条件是什么？

3. 简述直角三角形法求一般位置直线的实长和倾角的作图步骤。

4. 简述最大斜度线的作图步骤。

5. 简述一般位置直线与一般位置平面相交的作图步骤。

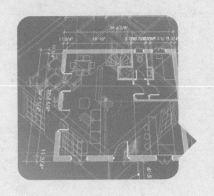

立体的投影

一、实训要求

（1）掌握平面立体、曲面立体的投影特性及作图方法。

（2）能正确熟练地求出立体表面上点、线的三面投影。

（3）掌握基本立体的尺寸标注方法。

二、本章重、难点分析

1. 平面立体的投影

注意各棱线投影的对应关系及可见性的判断。

2. 曲面立体的投影

注意投影图中轮廓线表示的含义。

（1）圆柱面的形成条件

① 母线——直线。

② 约束条件——回转轴，母线平行于轴。

（2）圆锥面的形成条件

① 母线——直线。

② 约束条件——回转轴，母线相交于轴。

（3）圆球面的形成条件

① 母线——圆。

② 约束条件——回转轴，母线相交于轴，圆心在轴上。

（4）圆环面的形成条件

① 母线——圆。

② 约束条件——回转轴，母线平行于轴。

3. 立体表面求点、线的解题方法

（1）柱体 $\begin{cases} 圆柱体 \\ 棱柱体 \end{cases}$ 利用表面的积聚性作图

（2）锥体 $\begin{cases} 圆锥体 \\ 棱锥体 \end{cases}$ 利用素线法（辅助线法）和纬圆法（辅助平面法）作图

（3）球体（圆球）利用纬圆法（辅助平面法）作图

三、典型例题分析

例 3-1 如图 3-1(a) 所示，已知直线 ABCD 在三棱锥面上，求作 ABCD 的另两面投影。

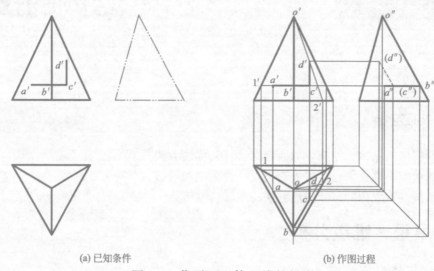

(a) 已知条件   (b) 作图过程

图 3-1 作平面立体上线的投影

→ **分析指导**

根据已知条件，直线 ABC 与三棱锥底面平行，采用辅助平面的方法求得，D 点可由辅助线的方法求得后再与 C 点连接便得到直线 CD，作图过程如图 3-1(b) 所示。

→ **作图步骤**

(1) 延长直线 a′b′c′ 交得 1′，自 1′ 引投影连线得 1 点，过 1 点作三边形（辅助平面）平行三棱锥底面。

(2) 分别过 a′、b′、c′ 点作投影连线与辅助平面相交得 a、b、c 点。

(3) 过三棱锥顶点 o′ 连 d′ 点与三棱锥底面相交得 2′ 点，由 2′ 作投影连线得 2 点。

(4) 由 d′ 引投影连线与 o2 交得 d 点，连线 abcd 即为所求直线的水平面投影。

(5) 已知直线的两面投影求第三面投影，b″c″d″ 为虚线。

例 3-2 如图 3-2 所示，已知圆球上点的正面投影 a′，求 A 点的另两面投影。

→ **分析指导**

球体表面求点采用辅助平面法（纬圆法），根据辅助平面与投影面的位置不同，可以采用三种方法求得 A 点，作图过程如图 3-2(b)、(c)、(d) 所示。

→ **作图步骤**

方法一：过 a′ 作水平辅助圆，该圆的正面投影为过 a′ 且平行于 OX 轴线的平行线。

(1) 分别以 1′、2′ 点作投影连线得到 1、2 点，再以 1、2 点为直径画圆。

(2) 过 a′ 点作投影连线与辅助圆相交得到 a 点。

(3) 根据 a′ 及 a 求得侧面投影 a″。

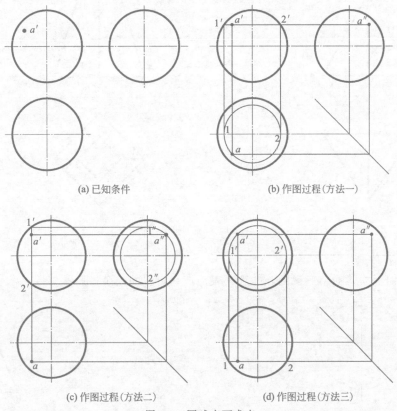

(a) 已知条件　　　　　　　　　　(b) 作图过程(方法一)

(c) 作图过程(方法二)　　　　　　(d) 作图过程(方法三)

图 3-2　圆球表面求点

方法二：过 a′作侧平辅助圆，该圆的正面投影为过 a′且平行于 OZ 轴线的平行线。步骤同方法一。

方法三：过 a′作正平辅助圆，该圆的正面投影为过 a′且平行于 OX 轴线的圆。

(1) 分别以 1′、2′点作投影连线得到 1、2 点，连接 1、2 点为辅助圆的水平投影。

(2) 过 a′点作投影连线与辅助圆相交得到 a 点。

(3) 根据 a′及 a 求得侧面投影 a″。

四、实训任务

1. 补画平面立体的第三视图，并求其表面点、直线的其余投影。

(1)　　　　　　　　　　　　　　　(2)

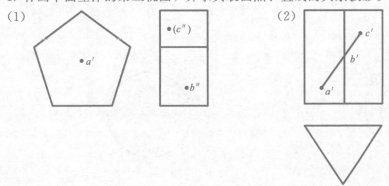

土木工程制图与
CAD/BIM技术实训教程

(3)

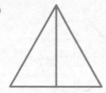

(4)

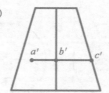

2. 补画曲面立体的第三视图，并求其表面点、直线的其余投影。

(1)

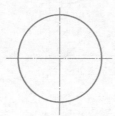

(2)

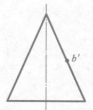

(3)

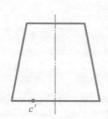

(4)

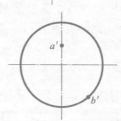

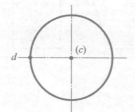

42

第三章 立体的投影

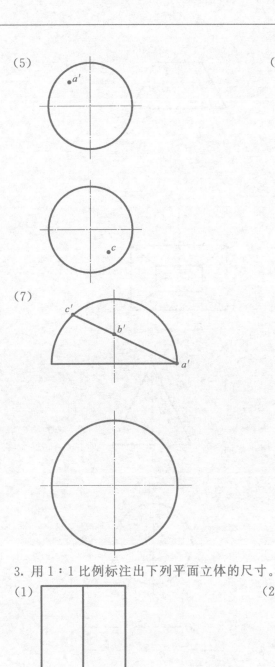

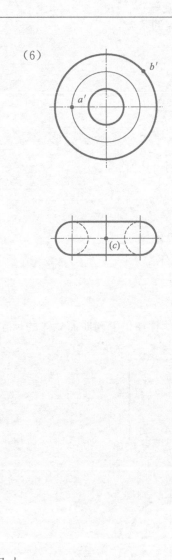

（7）

3. 用 1∶1 比例标注出下列平面立体的尺寸。

（1）

（2）

(3)

(4)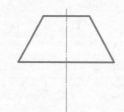

4. 用 1∶1 比例标注出下列曲面立体的尺寸。

(1)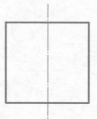

(2)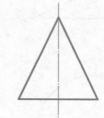

(3)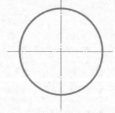

(4)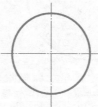

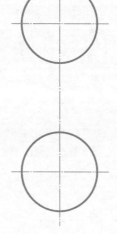

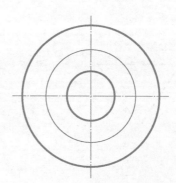

五、单元测试

（一）填空题

1. 由若干平面所围成的几何体称为_____。

2. 由曲面或曲面与平面所围成的几何体称为_____。

3. 基本几何形体按照其表面的组成通常分为_____和_____两大类。

4. 六棱柱的投影特性：在与棱线垂直的投影面上的投影为_____。

5. 三棱锥的投影特性：在与棱锥底面平行的投影面上的投影反映_____。

6. 柱体表面求点的方法有_____。

7. 球体表面求点的方法有_____。

8. 锥体表面求点的方法有_____和_____。

9. 圆台上有一点，已知点的一个投影，求其他投影的方法有_____。

10. 由一动线（直线或曲线）绕一固定直线旋转而成的曲面称为_____。

（二）选择题

1. 由若干平面围成的几何体称为（   ）。

A. 曲面立体   B. 平面立体

2. 由一动线（直线或曲线）绕一固定直线旋转而成的曲面称为（   ）。

A. 回转面   B. 纬圆   C. 双曲面

3. （   ）是由两条相交的直线组成，其中一条直线绕另一条直线旋转一周而形成的。

A. 圆柱面   B. 圆锥面   C. 圆球面

4. 由一条直母线绕与其交叉的直线回转而成的曲面称为（   ）。

A. 双曲面   B. 双曲抛物面   C. 柱状面

5. 回转面可见部分与不可见部分的分界线称为（   ）。

A. 素线   B. 双曲线   C. 转向轮廓线

6. 圆锥面上任意位置的母线称为（   ）。

A. 素线   B. 双曲线   C. 转向轮廓线

7. 圆锥的正面和侧面投影为（   ）。

A. 圆   B. 多边形   C. 三角形

8. （   ）是以圆为母线，绕与其共面但不通过圆心的轴线回转而形成的。

A. 圆球   B. 圆环   C. 圆锥

9. 圆环表面求点方法有（   ）。

A. 辅助平面法   B. 辅助线法

10. 曲面立体的直径标注应在尺寸数字前加注直径符号（   ）。

A. R B. Φ C. $S\Phi$

（三）简答题

1. 简述圆柱体的形成。

2. 简述圆锥体的形成。

3. 简述圆球体的形成。

4. 简述圆环的形成。

5. 求作立体表面上点的投影有哪些方法？

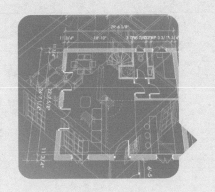

第四章
立体的截切与相贯

一、实训要求

(1) 掌握平面体、曲面体截交线的画法。

(2) 掌握平面体和平面体、平面体和曲面体、曲面体和曲面体相贯线的画法。

(3) 掌握建筑形体中同坡屋面的作图方法。

二、本章重、难点分析

1. 立体截切的条件

截平面、截面、截交线。

2. 截交线的性质

(1) 共有性　截交线是截平面与立体表面的共有线，截交线上的点是截平面与立体表面的共有点。

(2) 封闭性　由单一平面截得的截交线是封闭的平面图形。

3. 平面立体求截交线的步骤

(1) 分析　截交线形状及投影形状。

(2) 求点　利用截平面的积聚性，求棱线与截平面的交点。

(3) 连线　按顺序连线并判断可见性。

4. 曲面立体求截交线的步骤

(1) 分析　截交线的形状及投影形状。

(2) 求特殊点　最高、最低、最左、最右、最前、最后点及轮廓线上的点。

(3) 求一般点　在两个特殊点之间定一般点，一般点越多，截交线的形状越精确。

(4) 连线　按顺序连线并判断可见性。

5. 圆柱体截交线与夹角α的关系

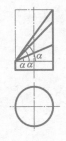

(a)

$\alpha < 45°$

(b)

$\alpha = 45°$

(c)

$\alpha > 45°$

6. 相贯线性质

(1) 共有性—相贯线是两立体表面的共有线。

(2) 表面性—相贯线位于两立体的表面上。

(3) 封闭性—相贯线一般是封闭的空间折线或曲线图形。

7. 平面体与平面体相贯求相贯线的步骤

(1) 分析　立体相贯的形式（全贯、互贯）。

(2) 求贯穿点　运用直线与直线相交求交点。

　　求贯穿线　运用平面与平面相交求交线。

(3) 连线　按顺序连线并判断可见性。

8. 平面体与曲面体相贯求相贯线的步骤

(1) 分析　有积聚性的投影直接求出相贯线。

(2) 求贯穿点　运用辅助线法和辅助平面法求出平面体与曲面体的交点。

(3) 连线　按顺序连线并判断可见性。

9. 曲面体与曲面体相贯求相贯线的步骤

(1) 分析　相贯线的形状及投影形状。

(2) 求特殊点　极限位置点、转向点、可见性分界点。

(3) 求一般点　在两个特殊点之间定一般点，一般点越多，相贯线的形状越精确。

(4) 连线　按顺序连线并判断可见性。

三、典型例题分析

例 4-1　如图 4-1(a) 所示，已知切口三棱锥的 V 面投影，求其另两面投影。

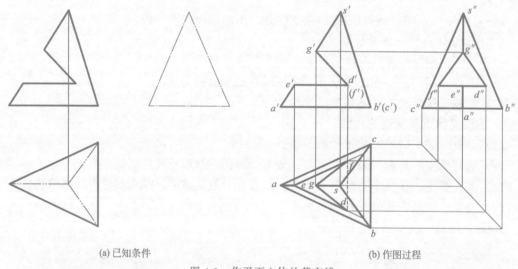

(a) 已知条件　　　　　　　(b) 作图过程

图 4-1　作平面立体的截交线

→ 分析指导

两个正垂面截切三棱锥，DF 为两个截平面的交线，所以只需求得 E、D、F、G 四个点即可。采用辅助平面的方法求解，作图过程如图 4-1(b) 所示。

作图步骤

（1）自 e′ 引投影连线得 e 点，过 e 点作三边形（辅助平面）平行三棱锥底面。

（2）过 d′ 点作投影连线与辅助平面相交得 d、f 点。

（3）自 g′ 引投影连线得 g 点，依次连接 e、d、g、f、e 点和 d、f 点并判断可见性。

（4）根据截交线的两面投影求第三面投影并判断可见性。

（5）补全三棱锥的投影。

例 4-2 如图 4-2(a) 所示，已知两曲面体相贯的 H、W 面投影，求其 V 面投影。

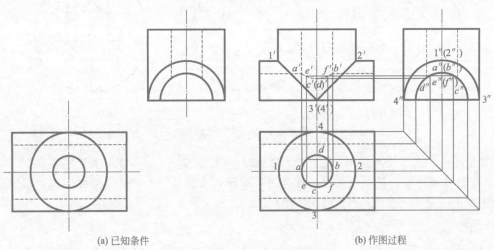

(a) 已知条件　　　　　(b) 作图过程

图 4-2　作曲面立体的相贯线

分析指导

垂直于 W 面的空心半圆柱体与垂直于 H 面的空心圆柱体正贯，产生两条相贯线，一条是内表面相贯线 A、C、B、D、A，另一条是外表面相贯线 1、3、2、4、1，因为两个外圆柱体直径相同，其相贯线在 V 面上的投影是两条直线，作图过程如图 4-2(b) 所示。

作图步骤

（1）求内表面相贯线

① 求特殊点：由相贯线的 2 个最高点 a、b 作投影连线求得 a′、b′ 和 a″b″。

由相贯线的 2 个最低点 c、d 作投影连线求得 c′、d′ 和 c″d″。

② 求一般点：由相贯线的 2 个一般点 e、f 作投影连线求得 e′、f′ 和 e″f″。

③ 在 V 面投影上光滑连线，并判断可见性。

（2）求外表面相贯线

① 求特殊点：由相贯线的 2 个最高点 1、2 作投影连线，求得 1′、2′ 和 1″2″。

由相贯线的 2 个最低点 3、4 作投影连线，求得 3′、4′ 和 3″4″。

② 在 V 面投影上将最高点与最低点直接连直线，并判断可见性。

例 4-3　如图 4-3(a) 所示，求四棱柱与圆锥的相贯线。

分析指导

由水平投影知：四棱柱与圆锥的相贯线在水平投影面上的投影就是四棱柱的水平投影图

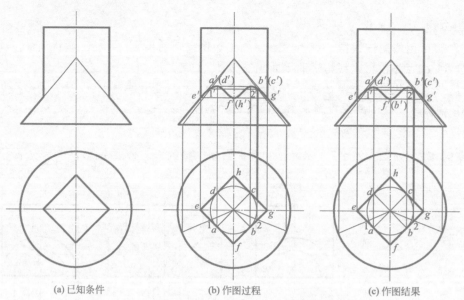

(a) 已知条件　　　　　　　　(b) 作图过程　　　　　　　　(c) 作图结果

图 4-3　作平面立体与曲面立体的相贯线

形，其相贯线的 4 个最高点 A、B、C、D 和 4 个最低点 E、F、G、H 分别在两个水平面上，4 个最高点可以用辅助平面法（纬圆法）求出正面投影，4 个最低点在 4 条棱线上，可直接求得正面投影，作图过程如图 4-3(b) 所示。

→ 作图步骤

（1）求特殊点：相贯线的 4 个最高点 a、b、c、d 在同一个纬圆上，利用辅助平面法（纬圆法）求得 a′、b′、c′、d′。

（2）分别过 e、f、g、h 点作投影连线可得 e′、f′、g′、h′点。

（3）求一般点：在两个特殊点之间标出 1、2 点，利用辅助线法求得 1′、2′点（一般点越多，相贯线越精确）。

（4）依次连接 e′、1′、a′、f′、b′、2′、g′点，在 V 面上前后线段重影。

（5）补全四棱柱与圆锥相贯的投影。

四、实训任务

1. 求下列平面立体被切后的投影图。

(1)

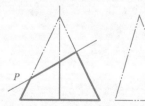

(2)

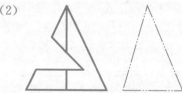

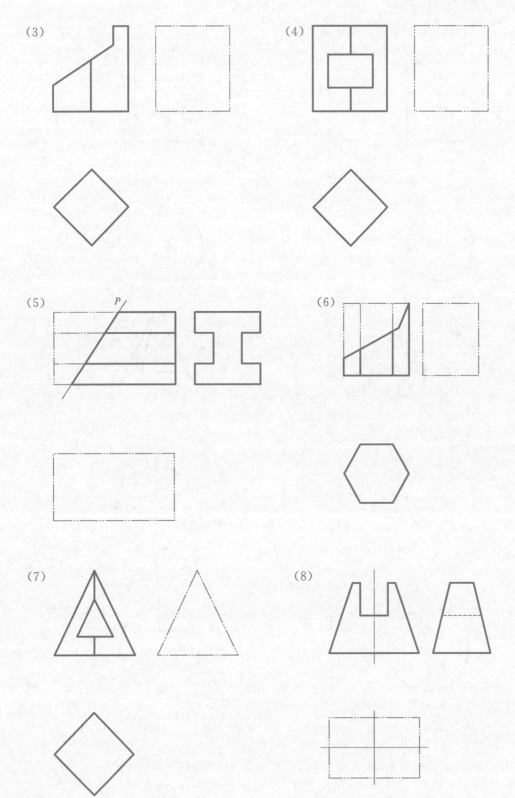

(3)

(4)

(5)

P

(6)

(7)

(8)

2. 求下列曲面体被切后的投影图。

(1) 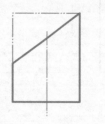 (2)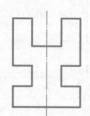

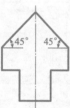

(3)  (4)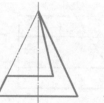

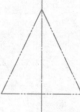

(5) 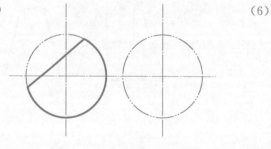 (6)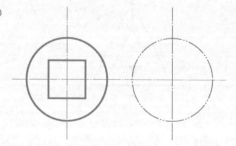

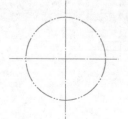 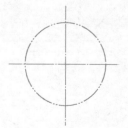

（7）

（8）

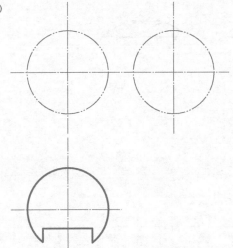 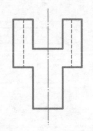

3. 求两平面立体的相贯线，并补全其投影图。

（1）

（2）

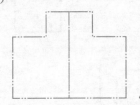 

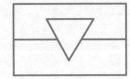

4. 求同坡屋面的 H 面投影图

（1）

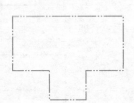

（2）

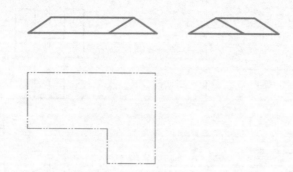

5. 求平面立体与曲面立体的相贯线，补全其投影图。

（1）

（2）

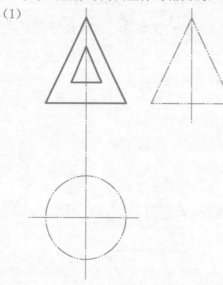

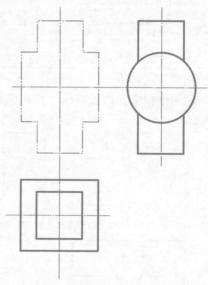

6. 求两圆柱体的相贯线。

（1）

（2）

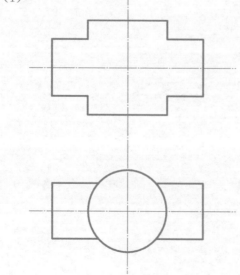

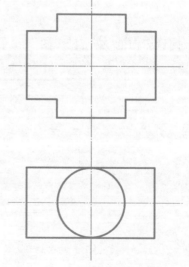

7. 补全面相贯线的 V 面投影。

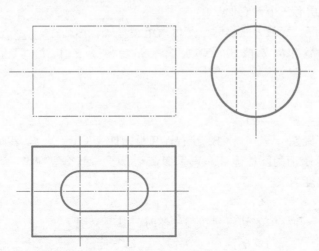

8. 求圆柱体与圆锥体的相贯线。

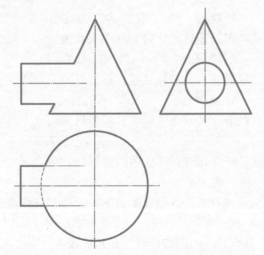

五、单元测试

（一）填空题

1. 平面立体的截交线是一个平面图形，它是由平面立体_____与截平面的交线所围成。

2. 曲面立体的截交线，通常是封闭的_____，或者是曲线和直线组成的_____。

3. 截交线上的点一定是_____与曲面体的公共点，只要求得这些公共点，将同面投影依次相连即得_____。

4. 当截平面切割圆柱体时，圆柱体的截交线出现_____、_____、_____三种情况。

5. 当截平面与圆锥体轴线的相对位置不同时，圆锥体的截交线出现圆、椭圆_____、_____、_____五种情况。

6. 当截平面切割圆球时，截交线的空间形状是_____。

7. 两立体相交称为_____，其表面交线称为_____。

8. 相贯线的性质有三个，它们是_____，_____，_____。

9. 当一立体全部贯穿另一立体时，产生两组相贯线，称为_____。

10. 若两立体都有部分棱线（或素线）贯穿另一立体时，产生一组相贯线，称为_____。

（二）选择题

1. 截交线的性质是（　　）。

A. 共有性和积聚性　　　　　　B. 共有性和封闭性　　　　　　C. 积聚性和封闭性

2. 轴线垂直于 H 面的圆柱体被一正垂面截切，要求截交线在 W 面上的投影是圆，其截平面对 H 面的角度为（　　）。

A. 30°　　　　　　　　B. 45°　　　　　　　　C. 60°　　　　　　　　D. 90°

3. 当截平面平行圆柱体的轴线截切圆柱体时，其截交线为（　　）。

A. 圆　　　　　　　　B. 椭圆　　　　　　　　C. 矩形

4. 圆球被一正垂面截切，其截交线为（　　）。

A. 圆　　　　　　　　B. 椭圆　　　　　　C. 双曲线　　　　　　D. 抛物线

5. 当截平面平行某一投影面截切圆球时，其截交线为（　　）。

A. 圆　　　　　　　　B. 椭圆　　　　　　C. 双曲线　　　　　　D. 抛物线

6. 两个轴线平行的圆柱体相贯，其相贯线可能由（　　）组成。

A. 双曲线　　　　　　B. 抛物线　　　　　　C. 曲线段　　　　　　D. 直线段

7. 两个轴线相互垂直的等直径圆柱体相贯，其相贯线由（　　）组成。

A. 双曲线　　　　　　B. 抛物线　　　　　　C. 曲线段　　　　　　D. 直线段

8. 当一立体全部贯穿另一立体时，产生两组相贯线，称为（　　）。

A. 全贯　　　　　　　B. 互贯　　　　　　　C. 相贯

9. 为了排水需要，屋面均有坡度，当坡度大于（　　）时称坡屋面。

A. 5%　　　　　　　　B. 10%　　　　　　　C. 15%

10. 当两曲面体相贯具有公共的内切球时，其相贯线为（　　）。

A. 圆　　　　　　　　B. 椭圆　　　　　　C. 双曲线　　　　　　D. 抛物线

（三）简答题

1. 简述曲面体与曲面体相贯求相贯线的作图步骤。

2. 简述求两个平面立体相贯线的方法。

3. 简述两曲面体相贯的特殊情况。

4. 简述同坡屋面交线的特点。

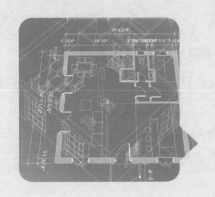

第五章
轴测投影

一、实训要求

(1) 了解轴测图与正投影图的区别,了解轴测图的形成原理及其分类依据。

(2) 掌握常用正轴测图的画法。

(3) 掌握徒手画轴测图的方法。

二、本章重、难点分析

1. 根据投射方向的不同,可将轴测投影分为两大类:正轴测投影和斜轴测投影。

(1) 将物体的三个直角坐标轴与轴测投影面倾斜,投影线垂直于投影面,所得的轴测投影图称为正轴测投影图,简称正轴测图。

(2) 当物体两个坐标轴与轴测投影面平行,投影线倾斜于投影面时,所得的轴测投影图称为斜轴测投影图,简称为斜轴测图。

2. 轴测轴

用于确定物体长、宽、高三个维度的直角坐标轴 OX、OY、OZ 在轴测投影面上的投影,分别用 O_1X_1、O_1Y_1、O_1Z_1 来表示,称为轴测轴。

3. 轴间角

轴测轴之间的夹角 $\angle X_1O_1Y_1$、$\angle Y_1O_1Z_1$、$\angle Z_1O_1X_1$ 称为轴间角。

4. 轴向伸缩系数

平行于空间坐标轴方向的线段,其投影长度与其空间长度之比,称为轴向伸缩系数,分别用 p、q、r 表示。其中 $p=O_1X_1/OX$,$q=O_1Y_1/OY$,$r=O_1Z_1/OZ$。

5. 轴向伸缩系数的特点

① 正等轴测图:$p=q=r$

② 正二轴测图:$p=r=2q$

③ 斜二轴测图:$p=r=2q$

6. 画轴测图的步骤

① 在形体上确定直角坐标系,并确定 X、Y、Z 三个轴的方向和伸缩系数。

② 确定点的位置:先确定一个点为原点,再逐一确定物体上各个点。

③ 根据形体的特点选择合适的方法作图,例如:坐标法、叠加法、切割法等。

7. 坐标法

画轴测图时,先在物体三视图中确定坐标原点和坐标轴,然后按物体上各点的坐标关系

57

采用简化轴向变形系数，依次画出各点的轴测图，由点连线而得到物体的正等测图。坐标法是画轴测图最基本的方法。

8. 叠加法

绘制轴测图时，要按形体分析法画图，先画基本形体，然后画较大的形体，由小到大，采用叠加或切割的方法逐步完成。在切割和叠加时，要注意形体位置的确定方法。轴测投影的可见性比较直观，对不可见的轮廓可省略虚线，在轴测图上形体轮廓能否被挡住要作图判断。

9. 切割法

对于切割形物体，首先将物体看成是一定形状的整体，并画出其轴测图，然后再按照物体的形成过程，逐一切割，相继画出被切割后的形状。

10. 轴向伸缩系数的选择

正等轴测投影的轴间角 $\angle X_1 O_1 Y_1 = \angle Y_1 O_1 Z_1 = \angle Z_1 O_1 X_1 = 120°$，三个轴向伸缩系数 $p = q = r = 0.82$，习惯上将轴向伸缩系数进行简化，即 $p = q = r = 1$，即作图时可按照物体的实际尺寸截取。但若按此比例绘制的投影图，应比实际的轴测投影放大了 1.22 倍。

11. 轴测方向的选择

不同的投射方向所得到的轴测图效果也不一样，轴测图和平面投影图一样，也有俯视、仰视等投射方向。

12. 立面斜轴测图

取倾斜的轴测轴与水平线的夹角为 0°、15°、30°、45°、60°、75° 或 90°，此轴的变形系数可以为 1、0.8 或 0.5。这一类轴测图称为立面斜轴测图。其中夹角为 45°，变形系数为 0.5 的轴测图最常用，称为斜二测。

(1) 当轴向伸缩系数 $p = q = r = 1$ 时，称为正面斜等测。

(2) 当轴向伸缩系数 $p = r = 1$、$q = 0.5$ 时，称为正面斜二测。

三、典型例题分析

例 5-1 如图 5-1(a) 所示，已知物体的三视图，画正等测轴测图。

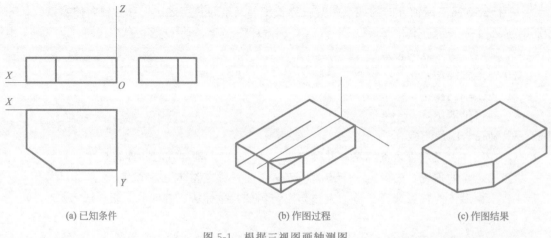

| (a) 已知条件 | (b) 作图过程 | (c) 作图结果 |

图 5-1　根据三视图画轴测图

用形体分析法分解形体，可知基本形体为长方体切去一角，绘制出原长方体的轴测图，然后找到切割位置，画出切割后的形体。

➔ 作图步骤

(1) 作完整长方体的正等测图。

(2) 量出切割位置的尺寸，画出切割角，如图 5-1(b) 所示。

(3) 连接各条可见轮廓线并描深，如图 5-1(c) 所示。

✋ **例 5-2** 如图 5-2(a) 所示，作曲面体的正等测图。

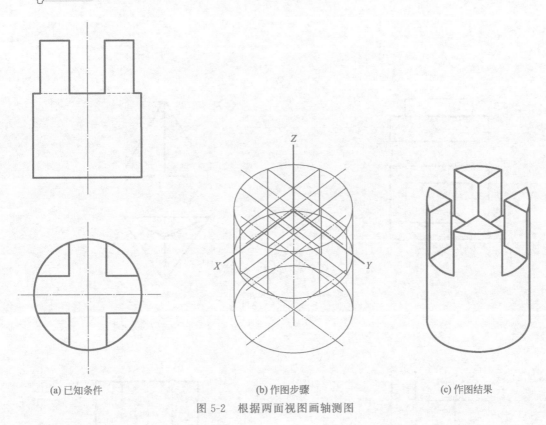

| (a) 已知条件 | (b) 作图步骤 | (c) 作图结果 |

图 5-2　根据两面视图画轴测图

➔ 分析指导

基本形体为圆柱体，圆柱体的上、下圆面与 H 面平行，将上圆面的中心定为坐标原点，由此确定坐标轴的位置。

➔ 作图步骤

(1) 先画圆柱上端面的椭圆，如图 5-2(b) 所示。

(2) 用移心法画圆柱下端面的椭圆，移动距离为圆柱的高，如图 5-2(b) 所示。

(3) 画上下椭圆的公切线。

(4) 用移心法画水平切割面的椭圆。

(5) 画纵横方向切割面的交线。

(6) 加粗所见轮廓线，完成全图，如图 5-2(c) 所示。

四、实训任务

1. 根据已给视图，画出平面立体的正等轴测图

(1)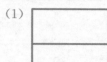

(2)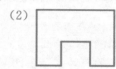

(3)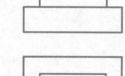
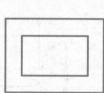

(4)
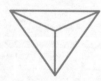

(5)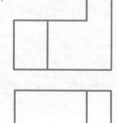

(6)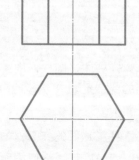

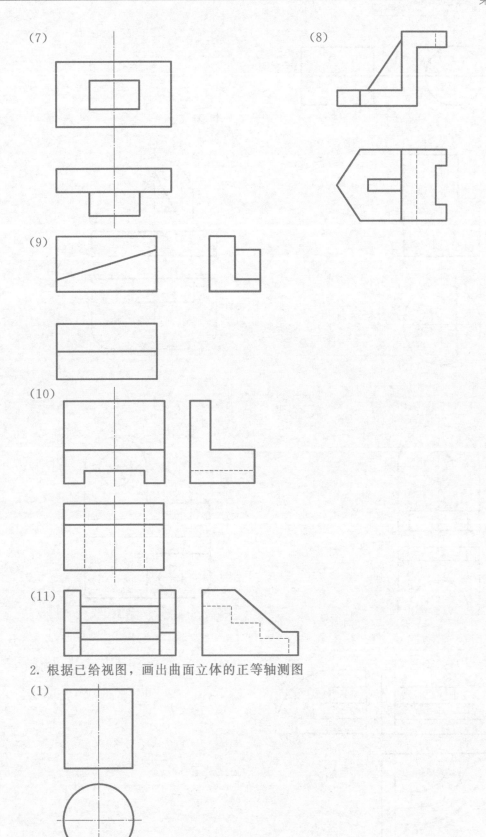

(7)

(8)

(9)

(10)

(11)

2. 根据已给视图，画出曲面立体的正等轴测图

(1)

（2）
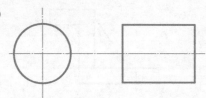

（3）
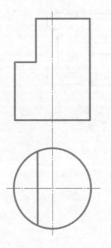

（4）
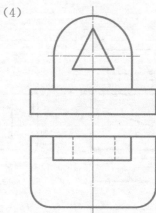

（5）
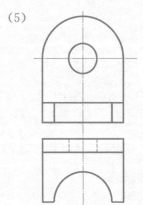

（6）
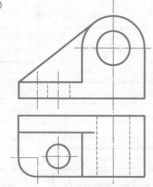

（7）
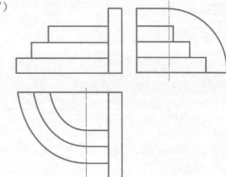

3. 画出正等测轴测草图。

(1)

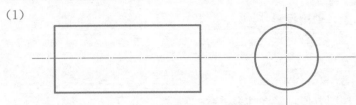

(2)

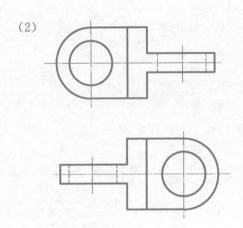

五、单元测试

（一）填空题

1. 当投射方向垂直于轴测投影面时，所得的投影称为_____。

2. 当物体两个坐标轴与轴测投影面平行，投影线倾斜于投影面时，所得的轴测投影图称为_____。

3. 用于确定物体长、宽、高三个维度的直角坐标轴 OX、OY、OZ 在轴测投影面上的投影分别用_____、_____、_____来表示，称为轴测轴。

4. 轴测轴之间的夹角 $\angle X_1O_1Y_1$、$\angle Y_1O_1Z_1$、$\angle Z_1O_1X_1$ 称为_____。

5. 平行于空间坐标轴方向的线段，其_____与其_____之比，称为轴向伸缩系数。

6. _____是画轴测图最基本的方法。

7. 在绘轴测图前要根据_____确定轴测投影的方向，和平面投影一样，这样才能保证完整、清晰地反映物体特征。

8. 轴测图的三种特性分别是_____、_____、_____。

9. 轴测草图又称_____，是建筑工程人员在技术交流过程中常常要用到的图样。

10. 当轴线伸缩系数 $p=r=1$、$q=0.5$ 时，称为_____。

（二）选择题

1. 物体上互相平行的线段，轴测投影（　　）。

A. 平行　　　　　　　　B. 垂直　　　　　　　　C. 相交

2. 正等轴测图的轴间角为（　　）。

A. 120°　　　　　　　　B. 60°　　　　　　　　C. 90°

3. 正等轴测图中，为了作图方便，轴向伸缩系数一般取（　　）。

A. 3　　　　　　　　　　B. 2　　　　　　　　　　C. 1

4. 用于确定物体长、宽、高三个维度的直角坐标轴 OX、OY、OZ 在轴测投影面上的投影分别用 O_1X_1、O_1Y_1、O_1Z_1 来表示，称为（　　）。

A. 轴测轴　　　　　　　B. 轴测角　　　　　　　C. 轴线伸缩系数

5. 画轴测图最基本的方法是（　　）。

A. 坐标法　　　　　　　B. 叠加法　　　　　　　C. 切割法

6. 绘制轴测图时，要按形体分析法画图，先画基本形体，然后从大的形体着手，由小到大，采用叠加或切割的方法逐步完成，这样的方法称为（　　）。

A. 坐标法　　　　　　　B. 叠加法　　　　　　　C. 切割法

7. 组成建筑形体的基本元素是（　　）。

A. 点　　　　　　　　　B. 线　　　　　　　　　C. 面

8. 正等轴测投影的轴间角 $\angle X_1O_1Y_1 = \angle Y_1O_1Z_1 = \angle Z_1O_1X_1 = $（　　）。

A. 45°　　　　　　　　B. 90°　　　　　　　　C. 120°

9. 作形体的正等轴测图时，空间各坐标面对轴测投影的位置是（　　）。

A. 垂直的　　　　　　　B. 平行的　　　　　　　C. 倾斜的

10. 将轴向伸缩系数进行简化，即 $p = q = r = 1$，按此比例绘制的投影图，应比实际的轴测投影放大了（　　）倍。

A. 1.22　　　　　　　　B. 1.5　　　　　　　　C. 2

（三）简答题

1. 何为轴向伸缩系数？

2. 简述各轴测图轴向伸缩系数的特点。

3. 简述画轴测图的步骤。

4. 如何徒手画椭圆？

5. 简述曲面体轴测投影的画法。

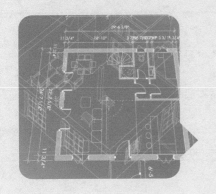

第六章

组合体视图

一、实训要求

（1）了解组合体的组合形式及组合体三视图的形成。
（2）掌握组合体绘制和识读的方法。
（3）掌握组合体的尺寸标注方法。
（4）掌握阅读组合体的两个视图，补画第三个视图的方法。

二、本章重、难点分析

1. 组合体的组合方式

叠加、切割和综合。根据其组合方式的不同，组合体可分成叠加型、切割型、综合型。

2. 叠加分为共面和相切

① 共面　几个基本体叠加在一起时，若端面靠齐则形成共面，共面的特点是结合处为平面，在绘制投影图时没有相交线。

② 相切　两个基本形体结合在一起时结合面表面相切，可以是曲面和曲面相切，也可以是曲面和平面相切，相切处是光滑过渡，表面平滑无分界线。

3. 组合体视图的选择

在绘制组合体时，首先应该选择主视图，主视图是反映形体特征面的投影视图。选择主视方向通常需考虑以下几点：

① 保持物体在自然状态下的稳定，保证物体主要面平行于投影面。

② 找出物体的特征面，确定各基本体之间的相互关系。

③ 合理利用图纸，安排投影面积较大的面为正投影面。

④ 尽可能地减少虚线的数目，保证视图的清晰。

4. 绘制组合体三视图的步骤

① 熟悉形体，进行形体分析；

② 选择主视方向；

③ 绘图。

5. 组合体的尺寸有三种类型，分别是定形尺寸、定位尺寸和总体尺寸。用于确定组合体各部分形体的大小，相对位置。

① 定形尺寸　定形尺寸用于确定组合体中各形体的大小，它的标注对象是基本形体。这种尺寸标注时较为简单，只需完整地描述出基本形体全方位尺寸即可。

② 定位尺寸　定位尺寸用于确定组合体中各形体的位置，它的标注对象也为基本形体，但标注的目的不是确定大小而是确定相对位置。

③ 总体尺寸　反映组合体的总长、总宽和总高的尺寸称为总体尺寸。

6. 形体分析法

形体分析法适用于叠加、切割等所有形式组合的组合体，形体分析的过程就是将组合体分解，研究各基本体的形状及位置，分析其特征面，然后按照投影规律逐步绘制简单形体的视图。这个过程其实就是降低识图难度的过程。

7. 线面分析法

对于以切割方式组合的形体来说，通常可采用线面分析法。对于形体被多个平面或曲面切割，或者物体的局部结构较复杂时，只用形体分析则过于简单，实施起来也很困难。线面分析法是针对一些复杂形状的物体，根据表面线、面的投影规律，逐步分析它们之间的位置关系。

8. 读图是画图的逆过程，通常分为两种情况：一种是已知物体的三面投影，需想象出其空间形状；还有一种是已知两个投影图，需补画第三个投影图。组合体读图步骤如下：

① 分解已知视图；

② 初步层次分析；

③ 想象物体的形状；

④ 深度层次分析；

⑤ 图线、图框分析。

9. 阅读组合体的两个视图，补画第三个视图。

一般步骤为：首先对已知的投影进行形体分析，大致想象出形体的形状，然后根据各基本形体的投影规律，画出各部分的第三投影。对于较为简单的形体，利用三等原理即可作出轮廓线。对于较难读懂的部分，则需采用线面分析法，并根据线面的投影特性，补出该细部的投影，最后加以整理即得出形体的第三投影。

三、典型例题分析

例 6-1　如图 6-1(a) 所示，已知物体的三视图，想象出物体的形状。

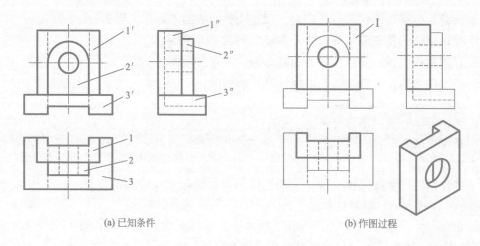

(a) 已知条件　　　　　(b) 作图过程

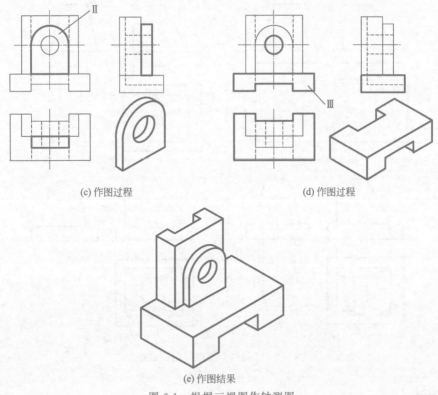

(c) 作图过程   (d) 作图过程

(e) 作图结果

图 6-1　根据三视图作轴测图

→ 分析指导

　　将物体分解成几部分，利用 "三等" 关系，划分出每一部分的三面投影，想象出它们的形状，再用线面分析法对形体主要表面的形状进行分析，最后分析各部分间的相互位置关系，综合起来想象出物体的整体形状。

→ 作图步骤

　　(1) 分线框，将投影图分成几个部分分析。如图 6-1(a) 所示。
　　(2) 想象立板的形状，即 1 号形体部分，如图 6-1(b) 所示。
　　(3) 想象凸台的形状，即 2 号形体部分，如图 6-1(c) 所示。
　　(4) 想象底板的形状，即 3 号形体部分，如图 6-1(d) 所示。
　　(5) 综合起来想整体，作出轴测图，如图 6-1(e) 所示。

例 6-2　如图 6-2(a) 所示，根据已知两个视图，作第三视图。

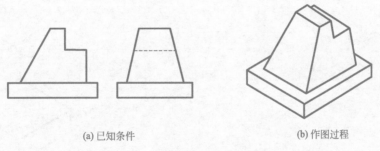

(a) 已知条件   (b) 作图过程

图 6-2

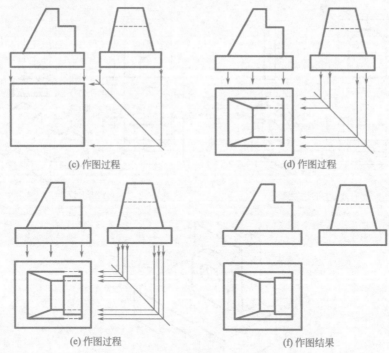

(c) 作图过程　　　　　　　　　(d) 作图过程

(e) 作图过程　　　　　　　　　(f) 作图结果

图 6-2　已知两个视图补第三视图

→ 分析指导

　　根据两面投影，可知物体由两个基本形体长方体叠加而成，上面的长方体在其前、后、左方分别切割了一个四棱柱体。

→ 作图步骤

　　(1) 根据已知两面投影，想出形体的空间形状，如图 6-2(b) 所示。

　　(2) 由投影图之间的三等关系，补画各部分的第三面投影。

　　(3) 补画底板的水平投影，如图 6-2(c) 所示。

　　(4) 画上部四棱台，如图 6-2(d) 所示。

　　(5) 画出四棱台的右上方切割掉的部分的截交线，如图 6-2(e) 所示。

　　(6) 检查并描深，如图 6-2(f) 所示。

四、实训任务

　　1. 根据立体图，画组合体的三视图。

　　(1)

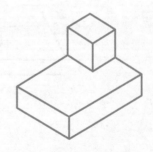

(2)

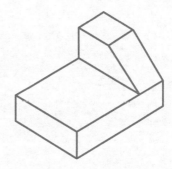

(3)

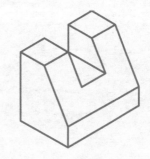

(4)

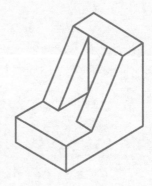

(5)

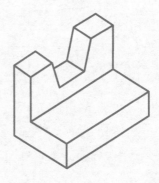

（6）

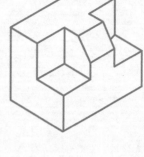

（7）

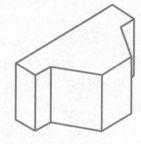

（8）

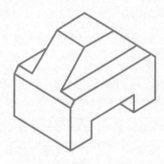

（9）

(10)

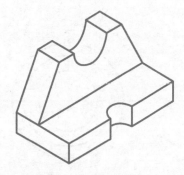

(11)

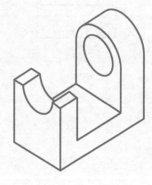

2. 根据俯视图，补画另两面视图。

(1)   (2)

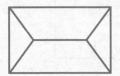

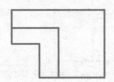

（3）　　　　　　　　　　　　　　　　　　（4）

　　　　　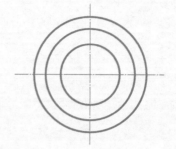

注：俯视图相同，物体不同。

3. 根据两面视图补画第三视图

（1）　　　　　　　（2）

注：主、左视图相同，物体不同。

（3）

　　　　　　　　　　（4）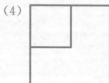

注：主、俯视图相同，物体不同。

4. 读懂两视图，补画第三视图

(1)

(2)

(3)

(4)

(5)

(6)

(7)

(8)

(9) 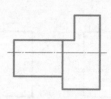　　(10)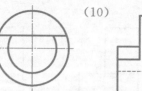

5. 补画下列组合体视图中所缺图线

(1)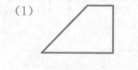

(2)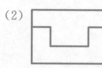

(3)

(4)

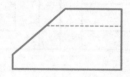

(5)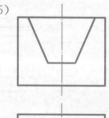

(6)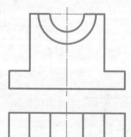

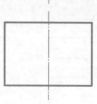

（7）

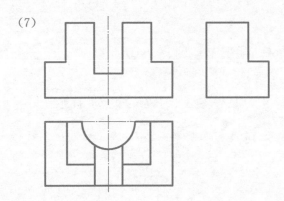

6. 根据立体图补画组合体的三视图并标注尺寸（比例自定）

（1）

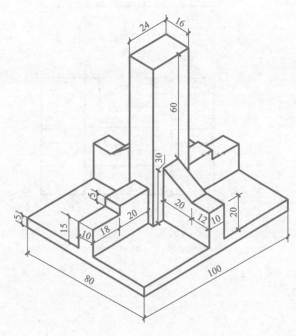

（2）

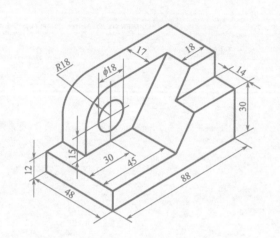

7. 分析形体并标注尺寸，尺寸从图中量取。

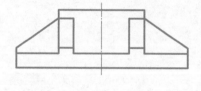 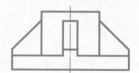

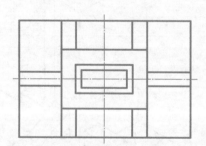 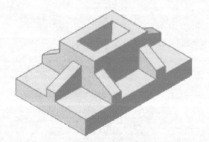

五、单元测试

（一）填空题

1. 组合体的组合类型有_____型、_____型、_____型三种。

2. 组合体的放置位置一定是将组合体保持在_____情况下的位置，在识别特征面之前，将物体放稳是前提，一般会将_____的平面作为底面。

3. 组合体的视图上，一般应标注出_____、_____和_____三种尺寸，标注尺寸的起点称为尺寸的_____。

4. 定位尺寸用于确定_____，它的标注对象也为基本形体，但标注的目的不是确定大小而是_____。

5. 反映物体_____的方向定为主视方向，主视图的选择其实也就是正面图的选择。

6. 形体分析法适用于_____、_____等所有形式组合的组合体。

7. 形体分析的过程就是将组合体分解，研究各基本体的_____及_____，分析其特征面，然后按照投影规律逐步绘制简单形体的视图。

8. 画出每个视图的部分定位基准线时，一般以_____、_____、底面和端面作为定位线。

9. 绘制三视图的关键是要保证尺寸准确，保证视图间的投影关系正确，特别是_____和左视图之间的宽相等，常用_____。

10. 读图是画图的_____，通常分为两种情况：一种是已知物体的三面投影，需想象出_____；还有一种是已知两个投影图，需补画_____。

（二）选择题

1. 几个基本体叠加在一起时，若端面靠齐则形成共面，共面的特点是结合处为（　　）。

A. 平面　　　　　　　　B. 曲面　　　　　　　　C. 直线

2. 两个基本形体结合在一起时结合面表面（　　），表面平滑无分界线。

A. 相交　　　　　　　　B. 相切　　　　　　　　C. 相贯

3. 绘制形体的视图时，要求用（　　）的视图把形体表达完整、清晰。

A. 最清晰　　　　　　　B. 最完整　　　　　　　C. 最少量

4. 用来确定组合体中各组成部分形状和大小的尺寸，称为（　　）。

A. 定型尺寸　　　　　　B. 定位尺寸　　　　　　C. 总体尺寸

5. 用于确定组合体中各组成部分的相对位置的尺寸，称为（　　）。

A. 定型尺寸　　　　　　B. 定位尺寸　　　　　　C. 总体尺寸

6. 相互平行的尺寸，要使（　　）靠近图形，避免尺寸线和尺寸线或尺寸界线相交。

A. 小尺寸　　　　　　　B. 大尺寸　　　　　　　C. 总体尺寸

7. 尺寸应该尽可能标注在轮廓线的（　　）。

A. 左面　　　　　　　　B. 里面　　　　　　　　C. 外面

8. 对于以切割方式组合的形体来说，通常可采用（　　）。

A. 形体分析法　　　　　B. 线面分析法　　　　　C. 组合分析法

9. （　　）适用于叠加、切割和综合等所有形式组合的组合体。

A. 形体分析法　　　　　B. 线面分析法　　　　　C. 组合分析法

10. 反映物体特征且各部分（　　）的方向定为主视方向。

A. 线条最少　　　　　　　B. 线面最清晰　　　　　　C. 相互关系最多

（三）简答题

1. 共面的特点是什么？

2. 简述组合体三视图的绘图步骤。

3. 如何选择主视方向？

4. 组合体尺寸标注的基本原则是什么？

5. 阅读组合体三视图的方法有哪些？

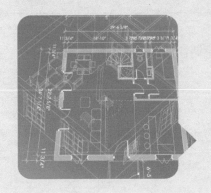

第七章
建筑形体的表达方式

一、实训要求

（1）掌握视图的画法。

（2）掌握各种建筑形体剖面图、断面图的画法。

（3）掌握简化画法等几种常用的表达方法。

二、本章重、难点分析

1. 在土木工程制图中，把正面投影、水平投影和侧面投影的视图分别称为正立面图、平面图和左侧立面图。正立面位于 V 面、平面图位于 H 面、左侧立面图位于 W 面。

2. 三面视图的排列位置应遵循以下规律：

① 正立面图和平面图——长对正。

② 正立面图和左侧立面图——高平齐。

③ 平面图和左侧立面图——宽相等。

3. 六面视图仍遵循"三等"的原则，其各个视图的排列位置应遵循以下规律：

① 主、俯、后、仰视图——长对正。

② 主、左、右、后视图——高平齐。

③ 俯、左、右、仰视图——宽相等。

4. 向视图是可以自由配置的视图。如果物体的某个方向需要配置视图，则在该方向标注指向箭头并标注视图的名称"X 向"，在相应的视图上也应标注相同的字母。

5. 画局部视图时需要注意以下两点：

① 一般需要加注观看方向和图名，符合投影关系的可省略。

② 局部视图的边界一般以波浪线或折断线表示，但特殊除外。

6. 斜视图的特点

① 投影面倾斜于基本投影面。

② 一般需要加注观看方向和图名。

③ 斜视图的边界一般以波浪线或折断线表示。

7. 建筑工程上常采用作剖面的方法：假想用一个剖切面剖开建筑物，将适当的部分移开，把原来不可见的内部线条变为可见线条。

8. 剖面图的要点

① 剖切符号主要由两部分组成 剖切位置线和剖视方向线。

② 剖切线型的规定　被剖切面切到的轮廓线用粗实线绘制，剖切后的形体中可见部分用中实线绘制。

③ 材料图例的规定画法。

9. 通常当物体具有对称平面，可以用半剖面图表示，即由视图和剖面图各占一半合成。

10. 当仅仅需要表达形体的某局部内部构造时，可以只将该局部剖切开，只作该部分的剖面图，称为局部剖面图。

11. 画剖面图时注意事项

① 剖切位置的选择要恰当；

② 剖切面为假想平面；

③ 虚线使用要准确；

④ 剖切符号标注要恰当。

12. 有时为了清楚地看到一些物体的内部构造，通常会用两个相交的剖切平面剖切，切去部分占到原物体的 1/4 或者 1/2，这种剖切后的轴测图称为轴测剖切图。

13. 断面图主要有移出断面图、重合断面图和中断断面图三种类型。其中最常见的为移出断面图。

14. 对称省略画法：如果形体对称，则可以对称中心线为界，只画一半图形即可，并标注对称符号。对称符号是用长度 6～10mm 的平行细实线绘制，平行线线距为 2～3mm。若超出对称线，可不画对称符号，但应在对称部分画上折断线。

15. 当物体具有若干相同元素时，可以在适当的地方画出几个完整的形状，其余部分以中心线或中心线交点表示即可。

16. 折断省略画法：当构件较长，且沿长度方向形状不发生变化或按照一定的规律变化，则可断开省略绘制，断开处用折断线表示。

17. 构件局部不同画法：当所绘制的构件与另一个构件仅有部分不相同的时候可采用局部不同画法。在两个构件的相同部分和不同部分的分界线处绘制连接符号。通常以折断线表示，且两个连接符号应对齐。

18. 物体上较小结构的画法：如果物体上有较小的元素，在其中一个图形中已经表示清楚了，则其他图形可进行简化。

三、典型例题分析

例 7-1　如图 7-1(a) 所示，将侧面投影改为剖面图。

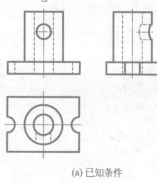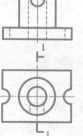

(a) 已知条件　　　　　(b) 作图过程　　　　　(c) 作图结果

图 7-1　侧面投影改画剖面图

→ 分析指导

　　已知形体三视图，将侧面投影改为剖面图即在左视图上直接修改，剖切位置线沿形体对称中轴线，观察形体，现将剖切部分用材料图例进行填充，然后擦去多余线条，只留下可见的外轮廓线。

→ 作图步骤

　　(1) 对形体进行形体分析，准确找到剖切位置。

　　(2) 将剖切到的部分用材料图例填充，直接绘制在左视图上，如图 7-1(b) 所示。

　　(3) 判断线条的可见性，擦去多余线条。

　　(4) 作出剖面图，如图 7-1(c) 所示。

　　例 7-2　如图 7-2(a)、(b) 所示，已知建筑物正立面图和轴测图，作出外墙的 1—1、2—2 剖面图（雨篷伸出墙面的宽度与台阶相同）。

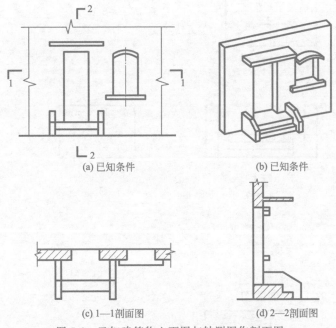

图 7-2　已知建筑物立面图与轴测图作剖面图

→ 分析指导

　　由已知条件可知 1—1 剖切面经过一扇门和一扇窗户的洞口，其中三段墙面被剖切，投射方向线向下，台阶属于可见线条；2—2 剖切面经过门、雨篷和台阶，投射方向线向右。先绘出建筑物的俯视图和左视图，然后根据实际剖切位置确定线型和材料图例，并与空间形状进行对照，最后检查所画的剖面图有无错误。

→ 作图步骤

　　(1) 观察已知立面图和轴测图，确定门窗洞口及其他构件的位置；

　　(2) 作 1—1 剖切位置线以下部分俯视图，三段墙体用砖墙材料图例填充，台阶为可见线条，用实线绘出 1—1 剖面图，如图 7-2(c) 所示；

　　(3) 作 2—2 剖切位置线，剖切到的墙体、雨篷、台阶用材料图例填充，其余可见线条用中实线绘制，2—2 剖面图，如图 7-3(d) 所示。

(4) 检查所画剖面图，与空间形状进行对照。

四、实训任务

1. 画出下列建筑形体的全剖面图。

(1) 杯形基础

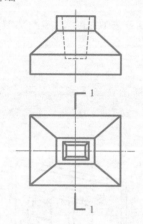

(2) 台阶

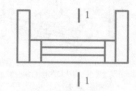

2. 作建筑形体的 1—1 剖面图。

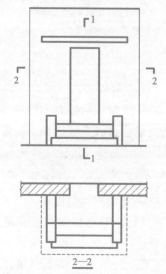

3. 把已知的三视图改画成适当的剖面图，要求正立面全剖、侧立面半剖。

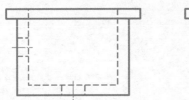 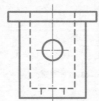

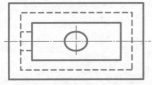

4. 将下面建筑物正立面图、平面图改画成剖面图（在空白处画图），并作出 3—3 剖面图。

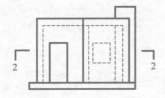

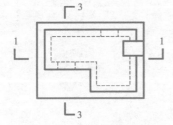

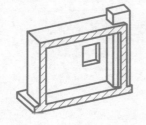

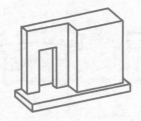

土木工程制图与
CAD/BIM技术实训教程

5. 画出建筑物 1—1、2—2 剖面图。

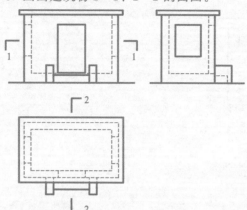

6. 作校门模型 1—1 的剖面图。

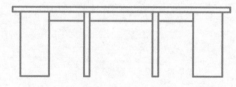

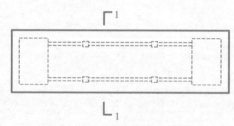

7. 画出下面所示梁的剖面图和断面图。

(1)

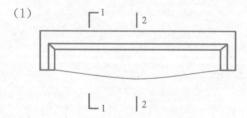

(2)

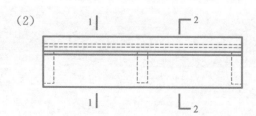
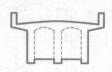

8. 画出钢筋混凝土柱子的 1—1、2—2、3—3、4—4 断面图。

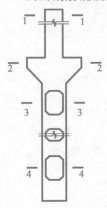

9. 在燕尾形屋顶的车站站台模型的平面图中，画出钢筋混凝土屋顶结构的梁板的重合断面图。

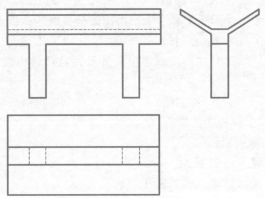

五、单元测试

（一）填空题

1. 在建筑工程制图中，把正面投影、水平投影和侧面投影的视图分别称为正立面图、平面图和左侧立面图。_____位于 V 面、_____位于 H 面、_____位于 W 面。

2. 把形体的某一部分向基本投影面投影，所到的视图称为_____视图。

3. 剖切符号主要由两部分组成：_____和_____。

4. 被剖切面切到的轮廓线用_____绘制，剖切后的形体中可见部分用_____绘制。

5. 根据剖切方式的不同，剖面图分为_____、_____和_____等。

6. 用两个或两个以上平行的剖切平面剖切形体的方法称为_____。

7. 假想用剖切面将物体剖开，仅绘制出_____的图形称为断面图。

8. 断面图主要有_____、_____和中断断面图三种类型。

9. 通常当物体具有对称平面，可以用_____表示，即由视图和剖面图各占一半合成。

10. 对于单一的长杆件，可在杆件投影图的某一处用_____断开，然后将断面图画在其中，这种断面图称为_____。

（二）选择题

1. 局部视图的边界一般以波浪线或（　　）表示。

A. 折断线　　　　　　　B. 点划线　　　　　　　C. 虚线

2. 在形体的表达中一般将可见轮廓线用实线绘制，不可见的轮廓线用（　　）绘制。

A. 折断线　　　　　　　B. 点划线　　　　　　　C. 虚线

3. 剖切位置线是用（　　）的粗实线表示。

A. 3～5mm　　　　　　B. 6～10mm　　　　　　C. 11～15mm

4. 剖视方向线应与剖切位置线垂直，长度（　　）剖切位置线。

A. 长于　　　　　　　　B. 等于　　　　　　　　C. 短于

5. 在材料图例中，如果没有指明材料时，则用（　　）的平行线表示。

A. 45°方向　　　　　　B. 90°方向　　　　　　C. 135°方向

6. （　　）一般适用于不对称的建筑形体。

A. 局部剖面图　　　　　B. 半剖面图　　　　　　C. 全剖面图

7. 用几个平行的剖切平面剖切形体的方法称（　　）。

A. 单一剖　　　　　　　B. 阶梯剖　　　　　　　C. 半剖

8. 在半剖面图中，半个外形视图和半个剖面图的分界线应画成（　　）。

A. 折断线　　　　　　　B. 点划线　　　　　　　C. 虚线

9. 规定局部剖面和外形视图之间用（　　）分开，且该线不能超出物体的外轮廓线也不能和其他线型重合。

A. 波浪线　　　　　　　B. 细实线　　　　　　　C. 虚线

10. 下面哪一项不属于斜视图的特点（　　）。

A. 投影面平行于基本投影面

B. 一般需要加注观看方向和图名

C. 斜视图的边界一般以波浪线或折断线表示

（三）简答题

1. 绘制基本视图应遵循什么规律？

2. 剖面图与断面图的区别是什么？

3. 绘制半剖面图时，视图与剖面图的位置关系是什么？

4. 重合断面图和中断断面图的区别是什么？

5. 常用的视图简化画法有哪几种？

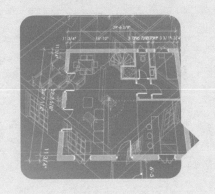

第八章
计算机绘图的基本知识与操作

一、实训要求

（1）要求学生熟悉工作界面，掌握工作环境的设置和图形的显示控制。

（2）掌握用辅助功能作图的基本操作。

（3）掌握图层的设置与管理，学会使用绘图的辅助功能。

二、本章重、难点分析

1. AutoCAD 2014 的工作界面　功能区集中了软件的各绘图命令，快速访问工具栏的工作空间选项中可切换绘图工作环境，如"三维建模""AUTOCAD 经典"。

2. AutoCAD 2014 的基本操作　注意命令调用的三种途径包括功能区中命令按钮，命令行（或动态输入工具）输入相应的命令，菜单栏中相应的命令。

3. 图形的显示控制　灵活运用视图的平移、缩放等工具命令，提高绘图的效率。

4. 图层的设置与管理　合理设置图层，并对图层统一管理，对单一图层设置特性以提高工作效率。

5. 使用绘图辅助功能　熟练掌握绘图的辅助功能。

三、典型例题分析

例 8-1　分别使用三种调用命令的方法调用"直线""圆"和"多边形"命令，绘制长度为 400 的水平线和垂直线交叉，以交点作为圆心绘制半径为 150 的圆形，并作正六边形外切于圆。

→ 分析指导

（1）在 AutoCAD 中，要调用一个命令主要有三种途径：

① 功能区的绘图面板中选择命令图标。

② 命令行（或动态输入工具）输入命令。

③ 在菜单栏中选择对应的命令

（2）按【F8】键开启"正交模式"，可快速绘制水平线和垂直线。开启"对象捕捉"并设置所需的捕捉模式，可精确定位特殊点。

→ 作图步骤

（1）按键盘【F8】键开启"正交模式"，在功能区的绘图面板中选择"直线"工具，按动态提示指定第一个点，这里输入"0，0"回车。提示指定下一点，这里鼠标向右移动确定方向后直接输入"400"，回车。完成水平线的绘制。再次回车，结束命令。如图 8-1 所示。

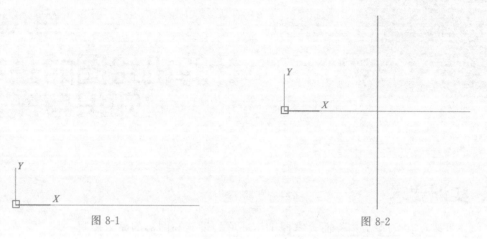

图 8-1   图 8-2

（2）按键盘空格键，直接重复"直线"命令。按提示指定第一点，这里输入"200，−200"回车，提示指定下一点，这里鼠标向上移动确定方向后直接输入"400"，回车，完成垂直线的绘制。再次回车，结束命令。如图 8-2 所示。

（3）按【F3】键，开启"对象捕捉"。并选择"交点模式""圆心模式""象限点模式"。在"对象捕捉"按钮上单击右键，在弹出"草图设置"面板中可设置捕捉模式如图 8-3 所示。

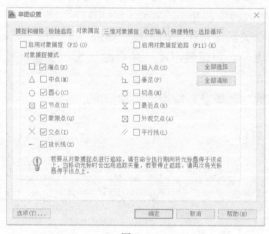

图 8-3

（4）按键盘【C】键，回车，调用"圆"命令，提示指定圆心，这里鼠标放置在水平线和垂直线交点处捕捉交点，单击鼠标确定圆心。动态提示指定圆的半径，这里输入"150"，回车，完成圆的绘制。如图 8-4 所示。

（5）执行【菜单】→【绘图】→【多边形】，调用多边形命令。动态提示输入侧面数，这里直接输入"6"，回车。提示指定中心点，这里鼠标捕捉到圆心单击确定（捕捉圆心时，鼠标先放在圆周上，视图会显示出圆心点，鼠标再放在圆心点上进行捕捉）。动态提示，选择"内接于圆"还是"外切于圆"，这里在提示框中选择"外切于圆"。动态提示指定半径，这里拖动鼠标捕捉到圆的象限点上，单击鼠标左键，完成绘制，如图 8-5 所示。

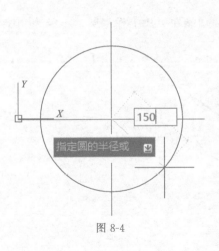

图 8-4

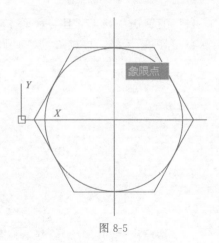

图 8-5

四、实训任务

1. 用细实线作任意三个圆，使用对象捕捉的方法将三个圆的中心连成一个三角形。

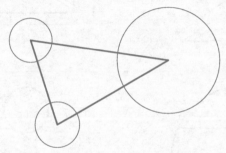

2. 用细实线任意绘出一矩形，并以矩形的四边中心为圆心用粗实线作出四个圆。

3. 建立若干图层，按下列线型画出图形。

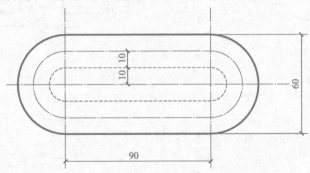

89

4. 直线 AB 长 120 且与水平方向夹角为 35°，用捕捉功能在 AB 上作一圆，半径为 20，圆心 O 距 A 点 80，再过 A 点作此圆的切线 AC、AD。

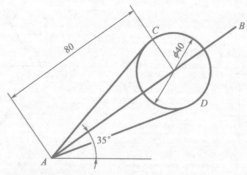

5. 按照标注的尺寸，绘制下列图形。

(1)
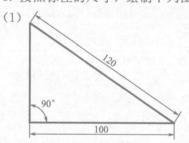

(2)
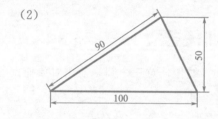

(3)
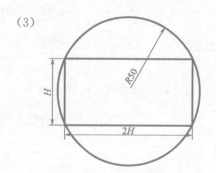

(4)
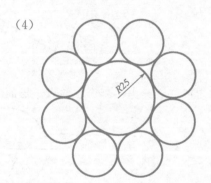

(5)
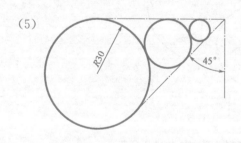

(6)
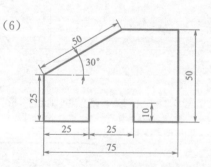

五、单元测试

（一）填空题

1. AutoCAD 2014 的工作界面主要由 _____、_____、_____、_____、_____等组成。

2. 调用绘图命令主要有_____、_____、_____三种途径。

3. 图层的操作中，_____图层是无法冻结的。

4. 任何命令处于执行交互状态时都可按键盘_____键取消该命令。

5. 在绘图过程中，在第一次命令执行完成后，直接按键盘_____键或_____键可连续调用上一次命令，执行命令的重复操作。

6. AUTOCAD 的坐标体系，包括_____坐标系和_____坐标系，英语缩写分别为_____和_____。

7. 在 AutoCAD 中，自动追踪功能是一个非常有用的辅助绘图工具，分为两种，分别为_____追踪和_____追踪。

8. 使用"动态输入"工具输入点的坐标时，默认第二个点及后续点是使用_____坐标。

9. 在 AutoCAD 中，功能键"F8"的作用是_____。

10. AutoCAD 中设置图形界限用_____命令。

（二）单项选择题

1. 为了保持图形实体的颜色与该图形实体所在层的颜色一致，应设置该图形实体的颜色特性为（　　）。

A. 随块　　　　　B. 随层　　　　　C. 白色　　　　　D. 任意

2. 以下关于图层的说法中，正确的是（　　）。

A. 各图层的颜色、线型、宽度在设置好后不能修改

B. 各图层的原点以轴向可以不同

C. 当前层可关闭但不能被冻结

D. 0 层可以被删除也可以改名

3. 用 LIMITS 命令设置图形界限后，要看到全部绘图范围，可执行命令（　　）。

A. SCALE　　　　B. ZOOM　　　　C. EXTEND　　　　D. PAN

4. 用 LINE 命令绘一条 100 单位长的垂直线段，已知第一点的坐标为（0，0），则下一点的坐标使用动态输入正确的是（　　）。

A. @100，0　　　B. 100，0　　　C. @100＜100　　　D. 100＜90

5. AutoCAD 保存文件默认扩展名是（　　）。

A. .dwt　　　　　B. .dwg　　　　　C. .bak　　　　　D. .dxf

6. 在 AutoCAD 中图层上对象不可以被编辑或删除，但在视图还是可见的，而且可以被捕捉到则该图层应被（　　）。

A. 冻结　　　　　B. 锁定　　　　　C. 打开　　　　　D. 未设置

7. 在 AutoCAD 中以下有关图层锁定的描述，错误的是（　　）。

A. 在锁定图层上的对象仍然可见

B. 在锁定图层上的对象不能打印

C. 在锁定图层上的对象不能被编辑

D. 锁定图层可以防止对图形的意外修改

8. 新建图形文件时，会弹出"选择样板"对话框，AutoCAD 中样板文件的扩展名是（　　）。

A. .dwt　　　　　B. .dwg　　　　　C. .bak　　　　　D. .dxf

9. 世界坐标和用户坐标的关系，下列说法正确的是（　　）。

A. 不能相重合

B. 都不能更改设置

C. 世界坐标是可以移动改变的

D. 默认设置下，两者是相重合的

10. 坐标的输入方式不包括（　　）。

A. 绝对坐标　　　　　B. 相对坐标　　　　　C. 极坐标　　　　　D. 球坐标

（三）简答题

1. 简述图层的作用及特性。

2. 绘图的辅助功能包括哪些内容？"对象捕捉"的作用是什么？绘图时如何操作？

3. 在状态栏的"对象捕捉"选中的情况下，出现特殊点无法捕捉的现象，应如何设置？

4. 绘图中，如何快速实现图样中各个位置的"长对正、高平齐、宽相等"的要求？

5. 图形界限在 AutoCAD 中有什么作用？如何设置？

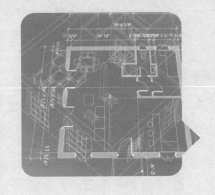

第九章

基本绘图命令和编辑方法

一、实训要求

（1）熟练掌握二维图形的基本绘制与编辑方法。

（2）熟练掌握文字的编辑输入和尺寸的标注。

（3）掌握图案填充的基本方法。

二、本章重、难点分析

1. 绘制基本二维图形　掌握图形绘制的不同方法及特点；直线和多段线的区别及绘制方法；掌握制作图块、插入图块和保存图块的方法。

2. 图形编辑　掌握常用选择对象的不同方法，区分窗口与窗交的区别并灵活运用；掌握移动、旋转等基本操作以及创建对象副本的不同方法，阵列的几种形式；掌握修剪、拉伸、圆角、切角等基本图形的编辑方法；掌握图形图案的填充。

3. 图中的文字编辑　熟练掌握文字样式的设置，单行文字、多行文字的输入方法以及特殊字符的输入方法。

4. 尺寸标注　熟练掌握标注样式的设置，常用的标注方式及命令。

三、典型例题分析

例 9-1　绘制定位轴线、轴线圈并编号，尺寸参考如图 9-1 所示。

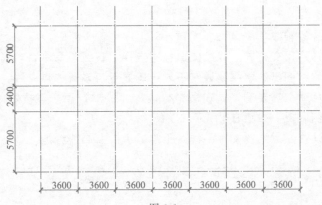

图 9-1

→ 分析指导

(1) 新建一图层作为轴线图层，设置轴线线型、颜色，便于对轴线统一管理、修改。

(2) 绘制水平轴线、垂直轴线可按【F8】键开启正交方式。

(3) 通过定义图块来绘制轴线编号，以提高工作效率。

→ 作图步骤

(1) 新建图层

在图层面板中选择"图层特性"按钮，打开"图层特性管理器"，新建一图层命名，设置颜色为红色，线型为"CENTER"，并置为当前层，如图9-2、图9-3所示。

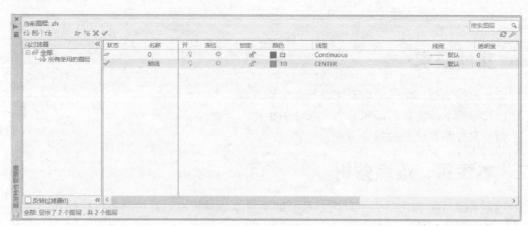

图 9-2

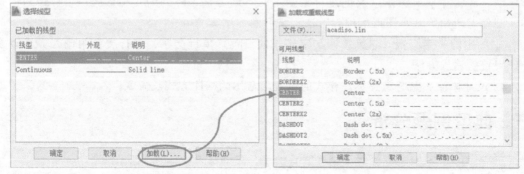

图 9-3

(2) 绘制水平定位轴线

按【F8】键，开启正交方式。在绘图面板中选择"直线"命令，参考图9-1尺寸，绘制一40000的水平线。绘制出的水平线通常不能正确显示为设置的点画线，而显示为实线。这是因为线型比例不合适，需要调整。在命令行输入"LTS"，回车，按照提示，输入"100"，回车，完成线型比例设置。如图9-4所示。

完成线型比例设置后，绘制的水平线可正常显示为点画线线型。

```
× ✦ ▾ LTSCALE LTSCALE 输入新线型比例因子 <1.0000>: 100
```

图 9-4

在修改面板中选择"偏移"命令,将绘制的水平线按照图 9-1 所示的尺寸垂直方向偏移出其他水平定位轴线,如图 9-5 所示。

图 9-5

(3) 绘制垂直定位轴线

参照图 9-1 所示尺寸,绘制一 25000 的垂直线,使用"偏移"命令,完成其他垂直定位轴线的绘制。如图 9-6 所示。

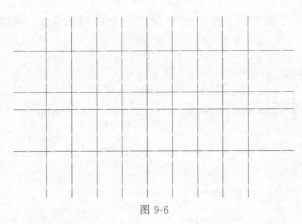

图 9-6

(4) 绘制轴线圈,并定义为"块"

将图层 0 置为当前图层,绘制一半径为"500"的圆,如图 9-7 所示。切换到功能区"插入"标签,在定义块面板中选择"定义属性"命令,打开"属性定义"对话框如图 9-8所示。

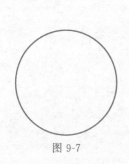

图 9-7

图 9-8

按照图 9-9 所示,设置标记为"zh",文字为"正中"对正,文字高度为"500"。插入点为"在屏幕上指定"。单击【确定】后,提示指定插入点,在视图中捕捉到圆的圆心上单击鼠标确定,如图 9-10 所示。完成属性定义。

图 9-9   图 9-10

在定义块面板中选择"定义创建块"命令，打开"块定义"对话框，命名。单击【拾取基点】，在视图中捕捉圆象限点拾取，如图 9-11 所示。回到对话框后，单击【拾取】对象，在视图中拾取圆图形和文字，回车。回到对话框单击【确定】，完成块定义，如图 9-11 所示。

图 9-11

（5）插入图块，完成轴线编号

在功能区"块"面板中选择"插入"命令，弹出对话框中选择定义的块名称，单击【确定】，如图 9-12 所示。

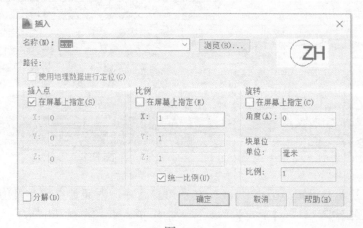

图 9-12

在视图中捕捉到轴线端点，插入块，如图 9-13 所示，在弹出属性对话框中输入编号"1"，单击【确定】，如图 9-14 所示。完成轴线圈的绘制。

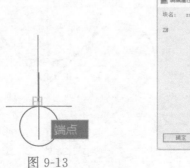

图 9-13

图 9-14

其他轴线圈的绘制及编号方法同上，完成结果如图 9-15 所示。

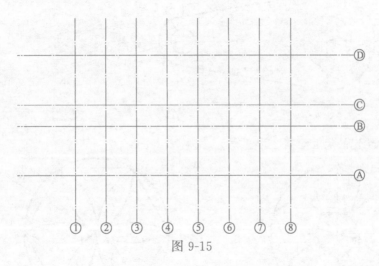

图 9-15

四、实训任务

1. 按图中给定的尺寸绘制图形。

（1）

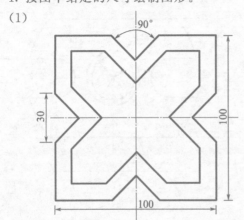

（2）

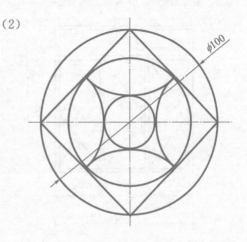

（3）

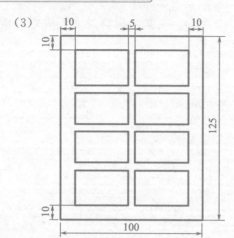

（4）

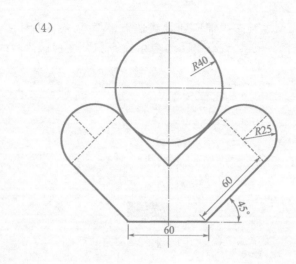

（5）

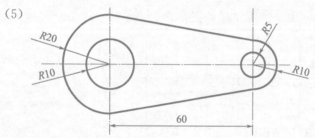

2. 按图中给定的尺寸绘制图形。

（1）

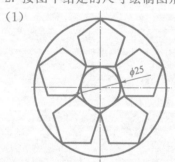

（2）

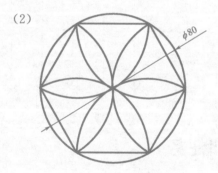

3. 按图中给定的尺寸绘制图形。

（1）

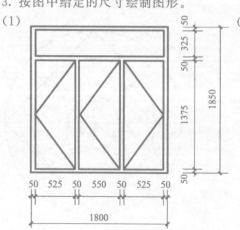

（2）

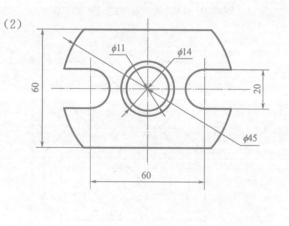

4. 绘制下列图形，尺寸自定。

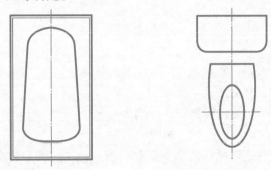

5. 用圆、修剪和填充命令绘图。

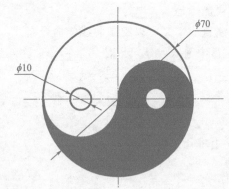

6. 按图中给定的尺寸绘制图形。

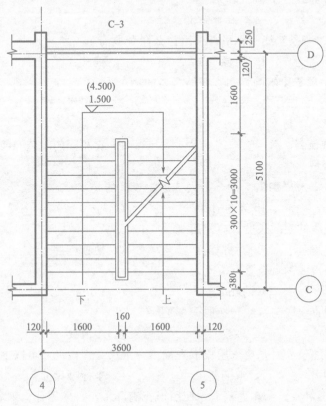

五、单元测试

（一）填空题

1. 绘制点的两种方式，一种是_____，另一种是_____。

2. 阵列命令有哪几种复制形式，分别为_____。

3. 图形对象创建副本的方法有哪些，分别为_____。

4. 多线画图时，通过输入_____来控制间距。

5. 在视图中从左向右拖动鼠标出现实线框只有_____图形才会被选中，从右向左拖动鼠标出现虚线框只有_____图形被选中。

6. 在 CAD 中多段线的快捷键是_____。

7. 在 CAD 中既可以绘制直线，又可以绘制曲线的命令是_____。

8. 命令的输入除了命令行中输入，还可以使用_____输入命令。

9. 输入文字的方式有_____和_____两种方式。

10. 文本样式定义了字体、_____和_____等参数。

（二）单项选择题

1. 一个完整的尺寸标注由哪几部分组成（   ）。

A. 尺寸线、文本、箭头

B. 尺寸线、尺寸界线、文本、标记

C. 基线、尺寸界线、文本、箭头

D. 尺寸线、尺寸界线、文本、箭头

2. 在 CAD 中为一条直线制作平行线用什么命令最简单（   ）。

A. 移动   B. 镜像   C. 偏移   D. 旋转

3. AutoCAD 中用于绘制圆弧和直线结合体的命令为（   ）。

A. 圆弧   B. 构造线   C. 多段线   D. 样条曲线

4. 图案填充命令，要求（   ）。

A. 全是直线或圆弧   B. 有相同的颜色和线型

C. 构成封闭区域   D. 在同一层上

5. 用文本命令输入"Φ120"时，下列选项中正确的是（   ）。

A. %%u120   B. %%o120   C. %%c120   D. %%d120

6. 标注倾斜直线的实际长度，应使用（   ）。

A. 线性标注   B. 对齐标注   C. 快速标注   D. 基线标注

7. 绘制无限长直线的命令是（   ）。

A. line   B. pline   C. mline   D. xline

8. 常用来绘制直线段与弧线转换的命令是（   ）。

A. 样条曲线   B. 多线   C. 多段线   D. 构造线

9. 开始连续标注尺寸时，要求用户事先标出一个尺寸，该尺寸可以是（   ）。

A. 线性型尺寸   B. 角度型尺寸   C. 坐标型尺寸   D. 以上都可以

10. 将所有图形对象显示在屏幕上，使图形充满屏幕，可使用什么缩放命令（   ）。

A. 范围缩放   B. 动态缩放   C. 中心缩放   D. 全部缩放

（三）简答题

1. 什么是图块？有何作用？怎样制作图块、插入图块和保存图块？

2. 尺寸标注样式需要设置哪些内容？怎样设置其参数？

3. 框选图形的方式分为两种，一种是从左至右框选，另一种是从右至左框选，有何区别？

4. 图形的复制命令主要有哪些？各自有什么功能？

5. 多段线与多线有何不同？

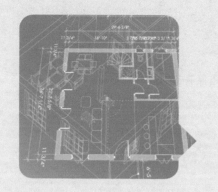

第十章
建筑施工图

一、实训要求

(1) 掌握建筑施工图的阅读方法。

(2) 掌握建筑平面图绘制方法。

(3) 掌握建筑立面图绘制方法。

(4) 掌握建筑剖面图绘制方法。

(5) 掌握建筑详图绘制方法。

二、本章重、难点分析

（一）建筑施工图

1. 建筑施工图的阅读方法

一幢建筑物从施工到建成，需要有全套的建筑施工图纸作指导。一般一套图纸有几十张或几百张。阅读这些施工图纸要先从大方面看，然后再依次阅读细小部位，先粗看后细看，平面图、立面图、剖面图和详图结合看。应先根据图纸目录，检查和了解图纸类别、张数，采取先整体后局部，先文字说明后图样，先图形后尺寸的顺序依次仔细阅读。阅读时还应特别注意各类图纸之间的联系，以避免发生矛盾而造成质量事故和经济损失。

(1) 总平面图中，要看清楚新建建筑物的具体位置和朝向，以及其周边建筑物、构筑物、设施、道路、绿地等的分布或布置情况；

(2) 建筑平面图，要看清建筑物平面布置和单元平面布置情况以及各单元户型情况；

(3) 平面图与立面图对照，看外观及材料做法；

(4) 配合剖面图看内部分层结构；

(5) 看详图了解必要的细部构造和具体尺寸与做法。

2. 阅读建筑施工图时，应注意的几个问题

(1) 具备用正投影原理读图的能力，掌握正投影基本规律，能将平面图形转变成立体实物。同时，还要掌握建筑物的基本组成，熟悉房屋建筑基本构造及常用建筑构配件的几何形状及组合关系等。

(2) 建筑物的内、外装修做法以及构件、配件所使用的材料种类繁多，它们都是按照建筑制图国家标准规定的图例符号表示的，因此，必须先熟悉各种图例符号。

（3）图纸上的线条、符号、数字应互相核对。要把建筑施工图中的平面图、立面图、剖面图和详图对照查看清楚，必要时还要与结构施工图中的所有相应部位核对一致。

（4）阅读建筑施工图，了解工程性质，不但要看图，还要查看相关的文字说明。

（二）建筑平面图

1. 建筑平面图的基本内容

（1）表明建筑物的平面形状，内部各房间平面组合排列情况，以及建筑物朝向。平面图内应注明房间名称和房间净面积、朝向；只在首层平面图旁边适当位置画指北针。

（2）标明门窗等构件的具体位置、门的开启方向。

（3）表明外形和内部平面主要尺寸。平面图中的轴线是长宽方向的定位依据，它可确定平面图中所有各个部位的长宽尺寸。图形最外面标注有建筑物的总长度和总宽度，称为总尺寸，也叫外包尺寸。中间是轴线尺寸，也叫定位尺寸，表示开间和进深。靠近图形最近的最里面的尺寸的称为细部尺寸，表示门、窗、洞口、墙的面宽及墙垛等细部尺寸。以上是主要的三道尺寸标注。局部尺寸标注还有首层平面外围部位的室外台阶、花池、散水、门廊等。

（4）平面图内部还要标注内墙墙厚、门窗洞口尺寸，如若剖切面上面有高窗和配电箱（凹进墙内）等部分，还要用虚线表示并标注洞口尺寸及下皮标高。

（5）标明建筑剖面图的剖切位置、详图的索引位置等。

2. 建筑平面图的绘制方法

（1）绘制墙身定位轴线及柱网。

（2）绘制墙身轮廓线、柱子、门窗洞口等各种建筑构配件。

（3）绘制楼梯、台阶、散水等细部。

（4）检查全图无误后，按建筑平面图的要求加深加粗，并进行门窗编号，画出剖面图剖切位置线等。

（5）尺寸标注。一般应标注三道尺寸，第一道尺寸为总尺寸，第二道为轴线尺寸，第三道为细部尺寸。

（6）图名、比例及其他文字内容。汉字写长仿宋字：图名字高一般为 7~10 号字，图内说明字一般为 5 号字。尺寸数字字高通常用 3.5 号。字体要工整、清晰、不潦草。

（三）建筑立面图

1. 建筑立面图的基本内容

（1）表明一栋建筑物的立面形式及外貌。

（2）反映立面上门窗的布置、外形及其开启方向。

（3）表示室外台阶、花坛、勒脚等的位置，里面形状及材料做法。

（4）表明外墙面装修的做法及分隔。

（5）用标高及竖向尺寸表示建筑物的总高及各部位的高度。

（6）另画详图的部位用详图索引符号。

（7）文字说明。

2. 建筑立面图的绘图方法

（1）室外地坪线、定位轴线、各层楼面线、外墙边线和屋檐线。

（2）各种建筑构配件的可见轮廓，如门窗洞、楼梯间、墙身及其暴露在外墙外的柱子。

（3）门窗、雨水管、外墙分割线等建筑物细部。

（4）尺寸界线、标高数字、索引符号和相关注释文字。

（5）尺寸标注。

（6）检查无误后，按建筑立面图所要求的图线加深、加粗，并标注标高、首尾轴线号、墙面装修说明文字、图名和比例。

（四）建筑剖面图

1. 建筑剖面图的基本内容

（1）表明建筑物竖向空间的布置情况。

（2）表明建筑物被剖切到部位的高度，各层梁板的具体位置以及和墙、柱的关系，屋顶结构形式等。

（3）表明在此剖面内垂直方向室内外各部位构造尺寸。如室内净高、楼层结构、楼面构造及各层厚度尺寸。室外主要标注三道垂直方向尺寸，水平方向标注轴间尺寸。

（4）室内地面、楼面、顶棚、踢脚、墙裙、屋面等内装修做法，需以详图索引形式标注，尤其是那些不能详细表达清楚的地方，应先画详图索引标志，再画相应详图。

2. 建筑剖面图的绘制方法

（1）地坪线、定位轴线、各层的楼面线、楼面。

（2）剖面图门窗洞口位置、楼梯平台、女儿墙、檐口及其他可见轮廓线。

（3）各种梁的轮廓线以及断面。

（4）楼梯、台阶及其他可见的细节构件，并且绘出楼梯的材质图例。

（5）尺寸界线、标高数字和相关注释文字。

（6）索引符号及尺寸标注。

（五）建筑详图

1. 建筑详图的基本内容

（1）图名（或详图符号）、比例；

（2）表达出构配件各部分的构造连接方法及相对位置关系；

（3）表达出各部位、各细部的详细尺寸；

（4）详细表达构配件或节点所用的各种材料及其规格；

（5）有关施工要求、构造层次及制作方法说明等。

2. 建筑详图的表示方法

（1）详图的数量。详图的数量和图示内容与房屋的复杂程度及平面图、立面图、剖面图的内容和比例有关。有的只需一个剖面详图就能表达清楚（如墙身剖面详图），有的则需另加平面详图（如楼梯平面详图、卫生间平面详图等）或立面详图（如门窗、阳台详图等）。有时还要在详图中再补充比例更大的详图。还有一些构配件详图除画平面、立面、剖面详图外，还需要画一些构配件的断面图，如门窗断面图。

（2）对于套用标准图或通用图的建筑构配件和节点，只需注明所套用图集的名称、型号或页次（索引符号），可不必另画详图。

（3）对于节点构造详图，除了要在平面图、立面图、剖面图等基本图样中的有关部位注出索引符号外，还应在详图上注出详图符号或名称，以便对照查阅。而对于构配件详图，可不注索引符号，只在详图上写明该构配件的名称或型号即可。

3. 楼梯平面图的绘制方法

（1）根据楼梯间的开间、进深尺寸，画楼梯间定位轴线、墙身以及楼梯段、楼梯平台的投影位置。

（2）确定楼梯段的长度、宽度及平台的宽度，用平行线等分楼梯段，画出各踏面的投影。

（3）画出栏杆、楼梯折断线、门窗等细部内容，并画出定位轴线，标出尺寸、标高和楼梯剖切符号等。

（4）写出图名、比例、说明文字等。

（5）检查后，按要求加深图线，完成楼梯平面图。

4. 楼梯剖面图的绘制方法

（1）画定位轴线、墙身线，定楼梯段、平台的位置。

（2）等分楼梯段，等分时将第一个踏步画出，连接第一个踏步与相邻平台端部成斜线，等分斜线，过斜线的等分点分别作竖线和水平线，形成踏步。

（3）画细部，如门窗、平台梁、楼梯栏杆等。

（4）检查后，按要求加深图线，并进行尺寸标注，完成楼梯剖面图。

三、典型例题分析

例 10-1　如图 10-1 所示，绘制某工程楼梯剖面详图。

解：绘图步骤

（1）设置绘图环境　方法与平、立、剖面图部分相同。

（2）绘制定位轴线、室外地坪线、楼面位置线、梯段位置线等　方法与剖面图部分相同，由于线较多，可以做简单标记，以免搞混。在绘制梯段之前，需要先确定梯段的位置。可以根据楼梯平面图中的尺寸，增加绘制辅助线。根据辅助线的位置，绘制楼梯位置线（注意：首层梯段与上面梯段有所不同）。

（3）绘制墙体、楼板、梯段等构件

① 绘制墙体。方法同平面图墙体绘制部分。

② 绘制楼板、屋面板。可以利用"多线""直线"等命令完成楼板与屋面板的轮廓线，再利用"偏移"命令生成结构层轮廓线，最后用"图案填充"命令填充材料图例。

③ 绘制梯段。利用"直线"命令，根据绘制好的楼梯位置线，绘制楼梯的踢面线、踏面线，并补充楼梯底面层线等，如图 10-2 所示。

④ 绘制女儿墙、阳台等。

（4）绘制门、窗并补充细节

（5）标注

（6）打印出图

土木工程制图与
CAD/BIM技术实训教程

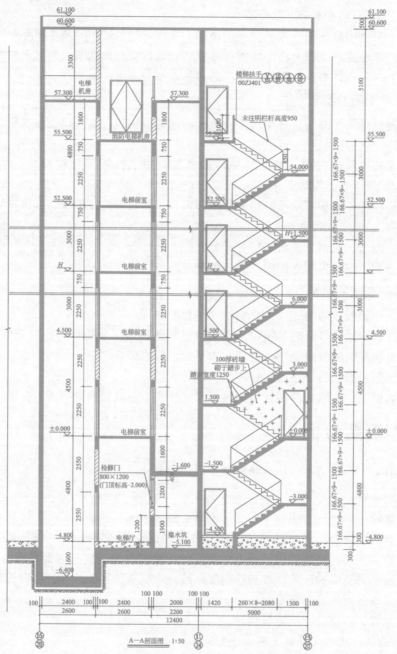

图 10-1　某工程楼梯剖面详图

四、实训任务

如图 10-3 所示，绘制某工程标准层平面图。

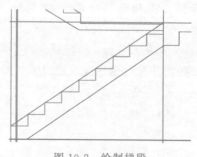

图 10-2　绘制梯段

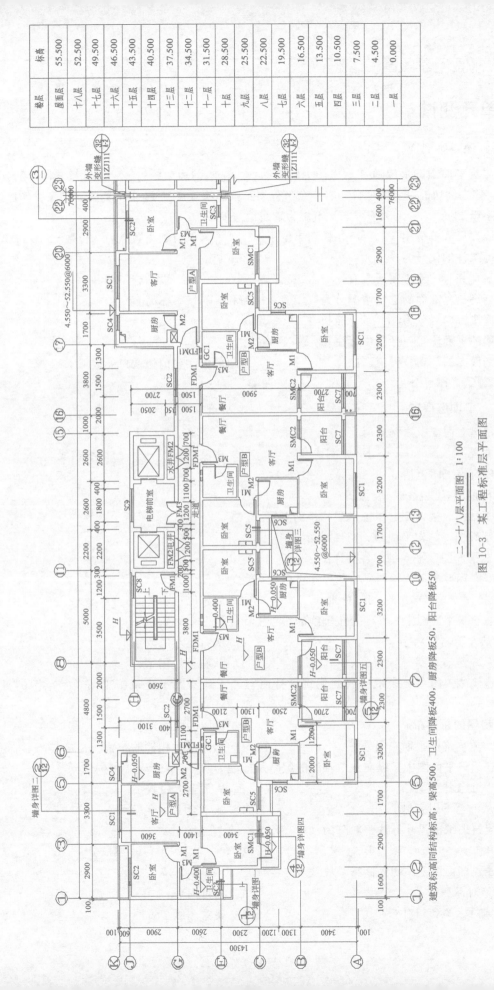

楼层	标高
最高层	55.500
屋面层	52.500
十八层	49.500
十七层	46.500
十六层	43.500
十五层	40.500
十四层	37.500
十三层	34.500
十二层	31.500
十一层	28.500
十层	25.500
九层	22.500
八层	19.500
七层	16.500
六层	13.500
五层	10.500
四层	7.500
三层	4.500
二层	0.000
一层	

二~十八层平面图 1:100

图 10-3 某工程标准层平面图

建筑标高同结构标高，梁高500，卫生间降板400，厨房降板50，阳台降板50

五、单元测试

(一) 填空题

1. 建筑平面图的形成通常是用一个假想的_____剖切面经_____位置之间, 将房屋切开, 移去剖切面以上的部分, 将剩余部分用正投影法投影到 H 面上而得到的正投影图。

2. 字母 I、_____和_____不作为轴线编号使用。

3. 线性尺寸单位用_____, 标高单位用_____(保留到小数点后 3 位数)。

4. 框架柱的代号为_____。

5. 一套完整的施工图通常有: _____图、_____图、设备施工图和_____图。

6. 标高按基准面的选定情况分为_____标高和_____标高。

7. 墙按方向可分为_____墙和_____墙。

8. 梁的平面注写包括集中标注和_____标注。

9. 剖面图的剖切位置应选在_____的部位, 如门窗洞口处。

10. 建筑详图可分为_____和_____两类。

(二) 单项选择题

1. 建筑立面图中窗洞应用 ( ) 表示。

A. 加粗实线　　　　　B. 粗实线　　　　　C. 中实线　　　　　D. 细实线

2. 建筑施工图包括 ( ) 等。

A. 配筋图、模板图、装修图

B. 基础图、楼梯图、房屋承重构件的布置

C. 基础图、结构平面图、构件详图

D. 总平面图、平立剖、各类详图

3. 国家标准规定工程图样中的尺寸以 ( ) 为单位。

A. 米　　　　　B. 分米　　　　　C. 厘米　　　　　D. 毫米

4. 在建筑平面图中, 横向定位轴线的编号及标注为 ( )。

A. 从左至右用数字　　　　　　　B. 从右至左用数字

C. 从左至右用字母　　　　　　　D. 从右至左用字母

5. 建筑施工图主要表示房屋的建筑设计内容, 下列不属于建筑施工图表示范围的是 ( )。

A. 房屋的总体布局　　　　　　　B. 房屋的内外形状

C. 房屋内部的平面布局　　　　　D. 房屋承重构件的布置

6. 在建筑平面图中, 纵向定位轴线的编号及标注为 ( )。

A. 从上至下用数字　　　　　　　B. 从下至上用数字

C. 从上至下用字母　　　　　　　D. 从下至上用字母

7. 建筑图纸的尺寸标注一般分为 ( ) 道。

A. 4　　　　　B. 3　　　　　C. 2　　　　　D. 1

8. 建筑剖面图上注明的标高一般是 ( )。

A. 绝对标高　　　　　　　　　　B. 相对标高

C. 绝对标高和相对标高　　　　　D. 要看图纸上说明

9. 索引符号 $\left(\frac{2}{3}\right)$ 圆圈内的 3 表示（　　）。

A. 详图所在的定位轴线编号　　　　　　B. 详图的编号

C. 详图所在的图纸编号　　　　　　　　D. 被索引的图纸的编号

10. 建筑工程中尺寸单位，总平面图和标高单位用（　　）。

A. mm　　　　　　B. cm　　　　　　C. m　　　　　　D. km

（三）简答题

1. 什么是建筑施工图？它包括哪些主要图样？

2. 建筑平面图是怎样形成的？建筑平面图表达的主要内容是什么？

3. 什么是建筑立面图？立面图是怎样命名的？

4. 什么是建筑详图？常见的建筑详图一般有哪些？

5. 楼梯详图应包括哪些内容？

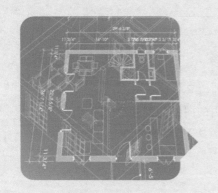

第十一章
结构施工图

一、实训要求

(1) 掌握结构施工图的阅读。

(2) 掌握钢筋混凝土结构施工图的平面整体表示法。

(3) 掌握结构施工图的绘制方法。

二、本章重、难点分析

1. 结构施工图的识读步骤

(1) 读图纸目录，同时按图纸目录检查图纸是否齐全，图纸编号与图名是否符合。

(2) 读结构总说明，了解工程概况、设计依据、主要材料要求、标准图或通用图的使用、构造要求及施工注意事项等。

(3) 读基础图。

(4) 读结构平面图及结构详图，了解各种尺寸、构件的布置、配筋情况、楼梯情况等。

(5) 看结构设计说明要求的标准图集。

在整个读图过程中，要把结构施工图与建筑施工图、设备施工图结合起来，看有无矛盾的地方，构造上能否施工等，同时还要边看边记下关键的内容，如轴线尺寸、开间尺寸、层高、主要梁柱截面尺寸和配筋以及不同部位混凝土强度等级等。

2. 钢筋混凝土结构施工图的平面整体表示法

结合 16G101-1 平法图集，掌握梁、柱、板、剪力墙平面整体表示法相关规定。

3. 结构施工图的绘制方法

钢筋混凝土结构构件配筋图的表示方法有三种：

(1) 详图法　通过平、立、剖面图将各构件（梁、柱、墙等）的结构尺寸，配筋规格等"逼真"地表示出来。用详图法绘图的工作量非常大。

(2) 梁柱表法　它采用表格填写方法将结构构件的结构尺寸和配筋规格用数字符号表达，此法比"详图法"要简单方便得多，手工绘图时，深受设计人员的欢迎，其不足之处是同类构件的许多数据需多次填写，容易出现错漏，图纸数量多。

(3) 结构施工图平面整体表示方法　以下简称"平法"，它把结构构件的截面形式，尺寸及所配钢筋规格在构件的平面位置用数字和符号直接表示，再与相应的"结构设计总说明"和梁、柱、墙等构件的"构造通用图及说明"配合使用，平法的优点是图面简洁、清楚、直观性强、图纸数量少，很受设计和施工人员欢迎。

三、典型例题分析

例 11-1 如图 11-1 所示，绘制地下室顶板～4.500m 墙柱定位图。表 11-1、表 11-2 分别为剪力墙暗柱表及剪力墙身配筋表。

表 11-1 地下室顶板～4.500m 剪力墙暗柱表

截面									
编号	GJZ1	GYZ2	GAZ3	GYZ4	GJZ6	GYZ7	GJZ8	GJZ9	GYZ7a
标高	地下室顶板～4.500	地下室顶板～4.500	地下室顶板～4.500	地下室顶板～4.500	地下室顶板～4.500	地下室顶板～4.500	地下室顶板～4.500	地下室顶板～4.500	地下室顶板～4.500
纵筋	12Φ14	12Φ14	6Φ14	24Φ16	10Φ14	8Φ14	12Φ14	12Φ14	8Φ14
箍筋	ϕ8@150	ϕ8@150	ϕ8@150	ϕ8@150	ϕ8@150	ϕ8@150	ϕ8@150	ϕ8@150	ϕ8@150

表 11-2 剪力墙身配筋表

编号	标高	墙厚 bw	垂直分布筋 ①	水平分布筋 ②	拉筋	备注
Q1	基础面～地下室顶板	300	Φ8@150	Φ8@150	Φ6@450	
Q2	地下室顶板～4.500	250	Φ8@150	Φ8@150	Φ6@450	
Q3	地下室顶板～4.500	200	Φ8@200	Φ8@200	Φ6@600	
Q4	4.500～55.500m	200	Φ8@200	Φ8@200	Φ6@600	

解：绘图步骤

(1) 新建一个空白的工程文件 利用下拉菜单【文件】→【新建】，或者利用快捷键"Ctrl＋N"，也可直接点击【新建】命令图标。

(2) 设置绘图环境

① 设置绘图区域（即图形界限）；

② 设置绘图单位；

③ 设置文字样式；

④ 设置标注样式；

⑤ 设置图层；

⑥ 保存。

(3) 绘制定位轴线。

(4) 绘制墙体。

(5) 绘制剪力墙柱的平面布置情况及编号。

(6) 尺寸标注和轴线符号标注。

(7) 结构层楼面标高、结构层高标注。

(8) 绘制图幅线、图框线、标题栏。

(9) 打印出图。

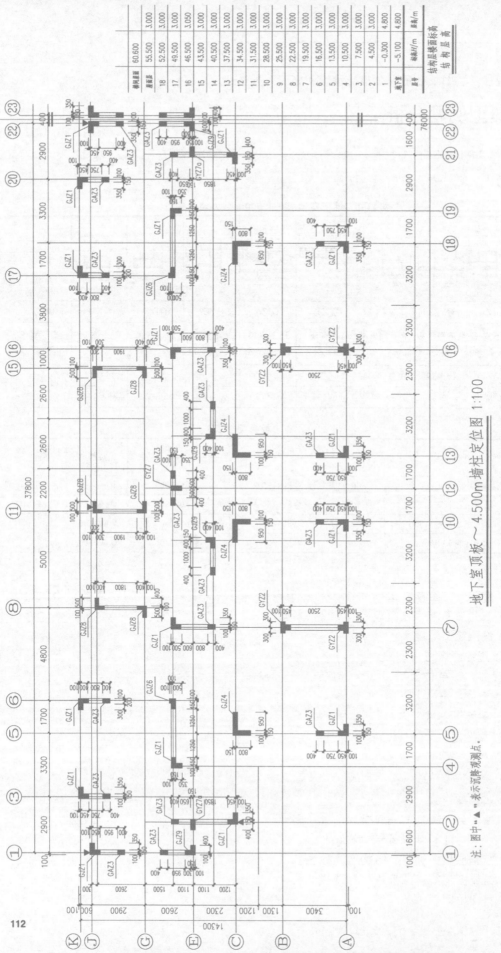

地下室顶板～4.500m墙柱定位图 1:100

图 11-1 地下室顶板～4.500m墙柱定位图

注: 图中"▲"表示沉降观测点。

112

层号	结构层楼面标高	层高/m
构造层	结构层楼面标高	层高/m
18	60.600	3.000
	55.500	3.000
17	52.500	3.000
16	49.500	3.000
15	46.500	3.050
14	43.500	3.000
13	40.500	3.000
12	37.500	3.000
11	34.500	3.000
10	31.500	3.000
9	28.500	3.000
8	25.500	3.000
7	22.500	3.000
6	19.500	3.000
5	16.500	3.000
4	13.500	3.000
3	10.500	3.000
2	7.500	3.000
1	4.500	4.800
-1	-0.300	4.800
地下室	-5.100	

四、实训任务

绘制如图 11-2、图 11-3 所示的剪力墙墙柱定位图及表 11-3～表 11-5 所列的剪力墙暗柱表。

表 11-3 4.500～7.500m 剪力墙暗柱表

截面								
编号	GJZ1	GYZ2	GAZ3	GYZ4	GJZ6	GYZ7	GJZ8	GYZ9
标高	4.500～7.500	4.500～7.500	4.500～7.500	4.500～7.500	4.500～7.500	4.500～7.500	4.500～7.500	4.500～7.500
纵筋	12Φ14	12Φ14	6Φ14	22Φ16	12Φ14	8Φ14	10Φ16	8Φ14
箍筋	Φ8@150	Φ8@150	Φ8@150	Φ8@150	Φ8@150	Φ8@150	Φ8@150	Φ8@150

表 11-4 7.500～52.500m 剪力墙暗柱表

截面								
编号	GJZ1	GYZ2	GAZ3	GYZ4	GJZ6	GYZ7	GJZ8	GYZ9
标高	7.500～52.500	7.500～52.500	7.500～52.500	7.500～52.500	7.500～52.500	7.500～52.500	7.500～52.500	7.500～52.500
纵筋	12Φ12	12Φ12	6Φ12	22Φ16	12Φ12	8Φ12	10Φ16	8Φ12
箍筋	未注明的均为Φ6@200	未注明的均为Φ6@200	未注明的均为Φ6@200	Φ8@200	未注明的均为Φ6@200	未注明的均为Φ6@200	未注明的均为Φ6@200	未注明的均为Φ6@200

表 11-5 55.500～61.100m 剪力墙暗柱表

截面							
编号	GJZ1	GJZ1a	GAZ3	GJZ8	GJZ13	GAZ14	GJZ1b	GJZ1c
标高	55.500～框架梁面	55.500～框架梁面	55.500～框架梁面	55.500～框架梁面	55.500～框架梁面	55.500～框架梁面	55.500～框架梁面	55.500～框架梁面
纵筋	12Φ14	12Φ14	6Φ12	10Φ14	22Φ14	8Φ14	12Φ14	12Φ14
箍筋	Φ6@100	Φ6@100	Φ6@100	Φ6@100	Φ6@100	Φ6@100	Φ6@100	Φ6@100

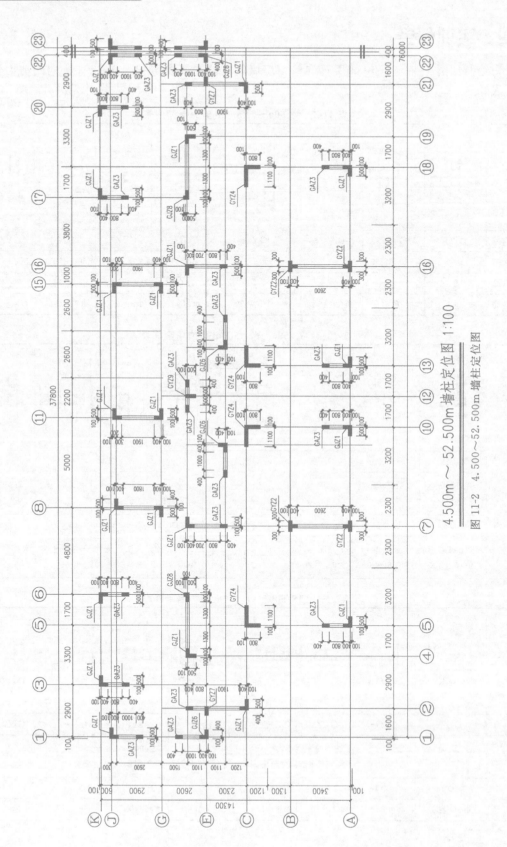

4.500m ～ 52.500m 墙柱定位图 1:100

图 11-2　4.500～52.500m 墙柱定位图

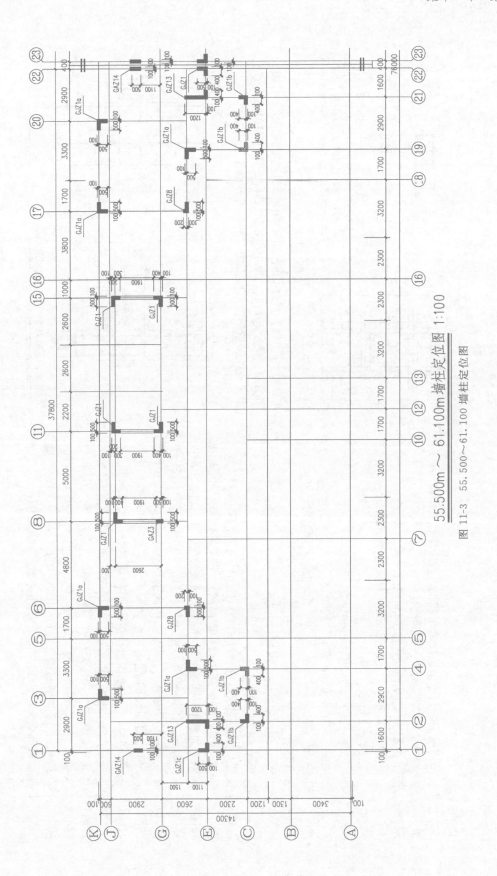

55.500m～61.100m墙柱定位图 1:100

图 11-3 55.500～61.100 墙柱定位图

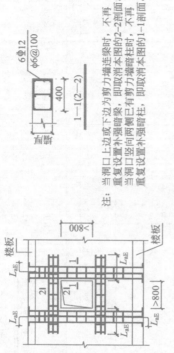

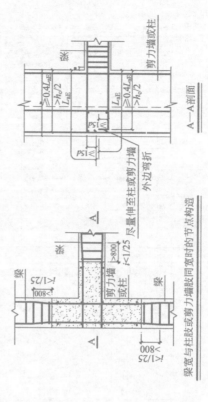

说明：

1.本工程的所有露天、与非侵蚀性的水或土壤直接接触的结构构件所处环境类别均为二a，类其余未注明的混凝土结构构件所处环境类别均为一类。最外层钢筋的混凝土保护层最小厚度(mm)如下：

梁：一类：20mm；二a类：25mm。柱：一类：20mm；二a类：25mm。

楼板、楼梯板：一类：15mm；二a类：20mm。

剪力墙：一类：15mm；二a类：20mm。

飘窗挑台：20mm

屋面板、跃层露台：20mm

2.混凝土强度等级

剪力墙、柱：基础面～19.500为C35；19.500以上为C30；

梁、板：均为C30

3.剪力墙大样构均选用国家标准图集设计图集11G101-1《混凝土结构施工图平面整体表示方法制图规则和构造详图》，钢筋的锚固和构造按该图集。墙钢筋的最小锚固长度L_{aE}按第53页表选用。剪力墙身水平钢筋构造详11G101-1第68、69页，剪力墙身竖向钢筋构造详11G101-1第70页，剪力墙构造边缘构件(即暗柱、纵向钢筋连接构造详11G101-1的第73页，剪力墙连梁LL配筋构造详11G101-1的第74页，剪力墙洞口补强构造详11G101-1的第78页和第9。剪力墙竖向分布筋在承台中的锚固大样详03ZG003第19页节点9。剪力墙暗柱在承台中的锚固大样详03ZG003第12页的节点3。剪力墙每层楼面处均须设置暗梁，暗梁高度为2倍的墙厚，上下纵筋为各2Φ16，箍筋为φ8@200(2)；暗梁剖面构造详11G101-1的第74页。当剪力墙墙身洞口宽度或高度大于800时，洞口周边加强示意如右图：

4.当墙上起柱时，柱纵筋锚固在墙顶部时柱根构造详11G101-1第61页；梁上起柱时，梁上柱LZ纵筋构造详11G101-1第61页，梁宽与柱肢或剪力墙肢同宽时的节点构造如下：

注：当洞口上边或下边为剪力墙连梁时，不再重复设置补强暗梁，即取消本图的2-2剖面；当洞口竖向两侧已有剪力墙暗柱时，不再重复设置补强暗柱，即取消本图的1-1剖面。

五、单元测试

（一）填空题

1. 结构施工图主要用于指导 _____、_____、支模板、_____、设置预埋件、浇捣混凝土和安装梁、板、柱等施工，是计算工程量、编制施工图预算和施工进度计划的依据。

2. 梁平法施工图系在梁平面布置图上采用_____或_____。

3. 柱平法施工图系在柱平面布置图上采用_____或_____方式表达。

4. 板块集中标注的内容为：_____，板厚，_____，以及当板面标高不同时的标高高差。

5. 当板中纵筋采用两种规则钢筋"隔一步一"方式时，表达为$\phi x/y@z$，表示直径为 x 的钢筋和直径为 y 的钢筋两者之间间距为_____，直径 x 的钢筋间距为 z 的_____倍，直径 y 的钢筋的间距为 z 的_____倍。

6. 常见的基础的形式有_____、独立基础（即柱基础）、_____、箱型基础和桩基础等。

7. 基础图包括_____、_____和基础详图三部分。

8. 板支座原位标注的内容有_____和_____。

9. 当梁腹板高度_____时，须配置纵向构造钢筋，所注规格与根数应符合规范规定。此项注写值以_____打头，接续注写设置在梁两个侧面的总配筋值，且对称配置。

10. 钢筋混凝土基础宜设置混凝土垫层，基础中钢筋的混凝土保护层厚度应从_____算起，且不应小于_____。

（二）选择题

1. 结构施工图包括（　　）等。

A. 总平面图、平立剖、各类详图　　　　B. 基础图、楼梯图、屋顶图

C. 结构设计说明、结构平面图、构件详图　D. 配筋图、模板图、装修图

2. 在结构平面图中，WB代表构件（　　）。

A. 楼板　　　　B. 屋面板　　　　C. 屋面梁　　　　D. 屋面墙

3. 钢筋混凝土梁板详图常用的比例为（　　）。

A. 1:1、1:2、1:5　　　　　　　　B. 1:10、1:20、1:50

C. 1:50、1:100、1:200　　　　　　D. 1:150、1:300、1:400

4. 基础各部分形状、大小、材料、构造、埋置深度及标号都能通过（　　）反映出来。

A. 基础平面图　　　　　　　　　B. 基础剖面图

C. 基础详图　　　　　　　　　　D. 总平面图

5. 结构施工土中的圈梁表示（　　）。

A. GL　　　　B. QL　　　　C. JL　　　　D. KL

6. 独立基础的代号是（　　）。

A. GZ　　　　B. KZ　　　　C. ZJ　　　　D. KJ

7. （　　）的作用是把门窗洞口上方的荷载传递给两侧的墙体。

A. 过梁　　　　B. 窗台　　　　C. 圈梁　　　　D. 构造柱

8. 某框架柱的配筋为$\phi 8@100/200$，其含义为（　　）。

A. 箍筋为 HPB300 级钢筋，直径 8mm，钢筋间距为 200mm

B. 箍筋为 HPB300 级钢筋，直径 8mm，钢筋间距为 100mm

C. 箍筋为 HPB300 级钢筋，直径 8mm，加密区间距为 200mm，非加密区间距为 100mm

D. 箍筋为 HPB330 级钢筋，直径 8mm，加密区间距为 100mm，非加密区间距为 200mm

9. 配在钢筋混凝土板内，与受力筋垂直，用以固定受力筋的位置，与受力筋一起构成钢筋网，使力均匀分布给受力筋，并抵抗热胀冷缩所引起的温度变形的钢筋是（　　）。

A. 架立筋 　　　　　　B. 钢箍 　　　　　　C. 构造筋 　　　　　　D. 分布筋

10. 钢筋混凝土板中分布筋的保护层最小厚度为（　　）mm。

A. 10 　　　　　　B. 15 　　　　　　C. 25 　　　　　　D. 30

（三）简答题

1. 简述梁平法施工图平面注写中集中标注与原位标注分别标注的内容。

2. 简述柱列表注写内容。

3. 简述剪力墙列表注写时剪力墙柱表、剪力墙身表和剪力墙梁表的内容。

4. 简述基础平面图的主要内容。

5. 简述基础详图的主要内容。

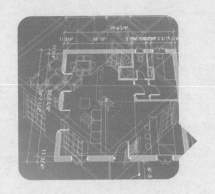

第十二章
设备施工图

一、实训要求

（1）掌握给水排水施工图的阅读及绘制方法。

（2）掌握电气工程施工图的阅读及绘制方法。

二、本章重、难点分析

（一）给水排水施工图

1. 给水排水施工图的识读方法

给水施工图的识图一般按进水的方向顺序识读。即引入管→干管→主管→支管→用水设备。先底层后上层进行识读。

排水施工图的识读顺序正好和给水施工图相反，即用水设备→存水弯→排水横管→排水主管→排水管。

2. 给水排水施工图的绘制方法

（1）总平面图的绘制

① 确定各管道的线宽；

② 确定各管道的层次；

③ 确定检查井、雨水口、水表井等构筑物的位置；

④ 由上层管道依次向下层绘制；

⑤ 最后进行标注。

注：复杂的平面，可分系统绘制。

（2）平面图的绘制

① 确定所需要绘制的平面（注：复杂的平面，可分系统绘制）；

② 从标准层开始确定各立管和设备的位置；

③ 从标准层开始绘制各系统的横管（注：在一张图中，某一系统绘完后再绘制另一系统）；

④ 最后进行标注。

（3）系统图的绘制

① 确定所需要绘制的系统（注：各管道系统均应绘制）；

② 根据系统的复杂程度确定是绘制系统图还是绘制系统原理图；

③ 先绘制立管，再绘制横管；

④ 最后进行标注。

（4）局部详图的绘制

① 确定所需要绘制的详图内容；

② 确定立管和设备的位置；

③ 绘制横管；

④ 绘制剖面图；

⑤ 最后进行标注。

注：发现问题，应及时地进行纠正。

（二）电气工程施工图

1. 电气工程施工图的识读方法

（1）熟悉电气图例符号，弄清图例、符号所代表的内容。

（2）针对一套电气施工图，一般应先按以下顺序阅读，然后再对某部分内容进行重点识读。

（3）看标题栏及图纸目录，了解工程名称、项目内容、设计日期及图纸内容、数量等。

（4）看设计说明，了解工程概况、设计依据等，了解图纸中未能表达清楚的各有关事项。

（5）看设备材料表，了解工程中所使用的设备、材料的型号、规格和数量。

（6）看系统图，了解系统基本组成，主要电气设备、元件之间的连接关系以及它们的规格、型号、参数等，掌握该系统的组成概况。

（7）看平面布置图，如照明平面图、防雷接地平面图等。了解电气设备的规格、型号、数量及线路的起始点、敷设部位、敷设方式和导线根数等。平面图的阅读可按照以下顺序进行：电源进线→总配电箱→干线→支线→分配电箱→电气设备。

（8）看系统图，了解系统中电气设备的电气自动控制原理，了解电气设备的布置与接线。

（9）看详图，了解电气设备的具体安装方法、安装部件的具体尺寸等。

2. 电气工程施工图的识读技巧

（1）抓住电气工程施工图要点进行识读　在识图时，应抓住要点进行识读，如：在明确负荷等级的基础上，了解供电电源的来源、引入方式及路数；了解电源的进户方式是由室外低压架空引入还是电缆直埋引入；明确各配电回路的相序、路径、管线敷设部位、敷设方式以及导线的型号和根数；明确电气设备、器件的平面安装位置。

（2）结合土建施工图进行阅读　电气施工与土建施工结合得非常紧密，施工中常常涉及各工种之间的配合问题。电气工程施工平面图只反映了电气设备的平面布置情况，结合土建施工图的阅读还可以了解电气设备的立体布设情况。

（3）熟悉施工顺序，便于阅读电气工程施工图　识读配电系统图、照明与插座平面图时，就应首先了解室内配线的施工顺序。根据电气施工图确定设备安装位置、导线敷设方式、敷设路径及导线穿墙或楼板的位置；结合土建施工进行各种预埋件、线管、接线盒、保护管的预埋；装设绝缘支持物、线夹等，敷设导线。

（4）识读时，施工图中各图纸应协调配合阅读　对于具体工程来说，为说明设备工作原理、元件连接关系及配电关系时需要有配电系统图；为说明电气设备、器件的具体安装位置时需要有平面布置图；为说明设备、材料的特性、参数时需要有设备材料表等。这些图纸各自的用途不同，但相互之间是有联系并协调一致的。在识读时应根据需要，将各图纸结合起来识读，以达到对整个工程或分部项目全面了解的目的。

3. 电气工程施工图的绘制方法

（1）电气照明平面图　设置绘图环境→绘制轴线→绘制建筑构件→各种细部绘制→绘制照明设备（灯具、开关、线路、插座、照明箱、进线标识等）→相关标注→添加图框和标题→打印输出。

（2）电气照明系统图　设置绘图环境→绘制楼层线→配电系统图→干线系统图→相关标注→设计说明→添加图框和标题→打印输出。

三、典型例题分析

例 12-1　如图 12-1 所示，绘制某工程排水系统图。

解：绘图步骤

（1）设置绘图环境

① 设置绘图区域（即图形界限）；

② 设置绘图单位；

③ 设置文字样式；

④ 设置标注样式；

⑤ 设置图层；

⑥ 保存。

（2）绘制楼层线　系统图均绘制楼层线。相同层高的楼层线间距按等距离绘制。当个别层所画内容较多占不开时，可适当拉大间距。夹层、跃层及楼层升降部分均用楼层线反映。楼层线标注层数和建筑地面标高。

（3）管道绘制　立管的上下两端点及横管均准确地绘制在所在层内。管道均不标注标高，其标高标注在平面图中。立管端点标高在平面图中与其连接的横管上反映。

立管上所有的阀器件（包括检查口、阀门、逆止阀、减压阀、伸缩节及固定支架等）及接出支管等均要绘出，并准确地绘制在所在层内。当接出的支管另有详图时，支管线可引出后断掉。

立管均标注管径及编号，编号与平面图一致。

埋地进、出户管均标注编号、管径和所穿外墙的轴线号，编号与平面图一致。

（4）设备参数标注　系统图中所绘各种设备如：冷却塔、水加热设备、水处理设备、增压设备等均要注明主要设计技术参数或设备招标选型控制参数。

（5）标注

（6）绘制图幅线、图框线、标题栏

（7）打印出图

四、实训任务

如图 12-2 所示，绘制某工程配电干线、系统图。

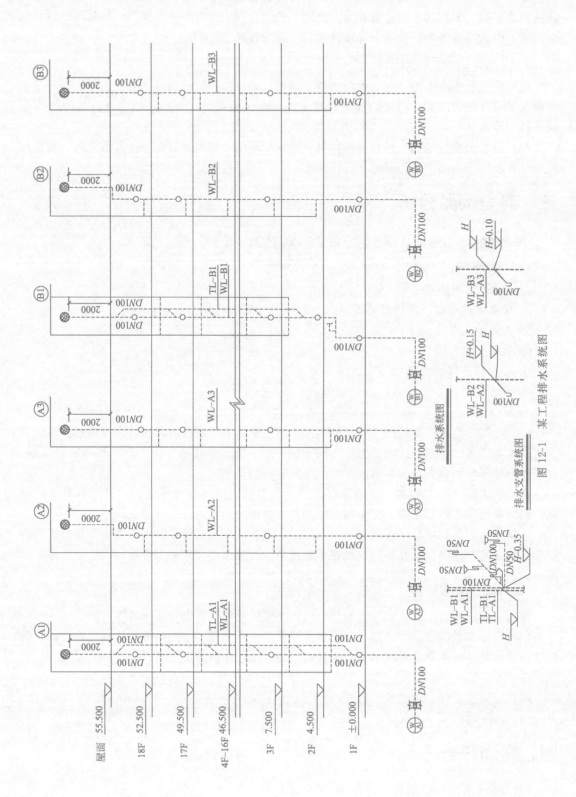

图 12-1 某工程排水系统图

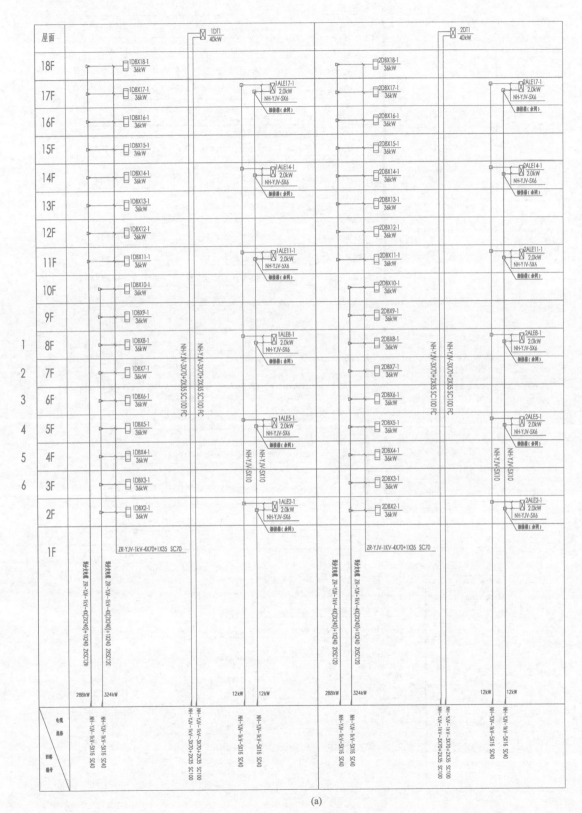

(a)

图 12-2

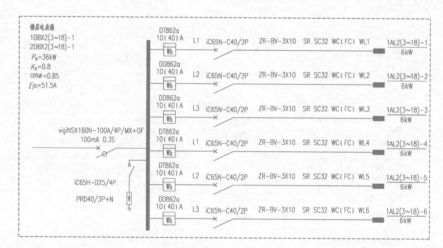

<table>
<tbody>
<tr><td>1ALE5(8,11,14)-1
2ALE5(8,11,14)-1
XL-20(夜) P_e=2kW</td><td>W1</td><td>iC65N-C10/1P</td><td>ZR-BV-3X2.5 SC25 WC</td><td>(L1)</td><td>下一层公共照明</td></tr>
<tr><td></td><td>W2</td><td>iC65N-C10/1P</td><td>ZR-BV-3X2.5 SC25 WC</td><td>(L2)</td><td>本层公共照明</td></tr>
<tr><td></td><td>W3</td><td>iC65N-C10/1P</td><td>ZR-BV-3X2.5 SC25 WC</td><td>(L3)</td><td>上一层公共照明</td></tr>
<tr><td></td><td>W4~W6</td><td>3xiC65N-C10/1P</td><td></td><td>(L1~L3)</td><td>备用</td></tr>
</tbody>
</table>

WE1 iC65N-C10/1P NH-BV-4X2.5 SC25 WC 0.3kW (L1) 下一层应急照明
LC1-D09 火灾时接触器强制闭合

iC65N-C25/3P

切换开关 WTS-B-32A/4P
iC65N-D25/4P

PRD40/3P+N

WE2 iC65N-C10/1P NH-BV-4X2.5 SC25 WC 0.3kW (L2) 本层应急照明
LC1-D09 火灾时接触器强制闭合

WE3 iC65N-C10/1P NH-BV-4X2.5 SC25 WC 0.3kW (L3) 上一层应急照明
LC1-D09 火灾时接触器强制闭合

WE4~WE6 3xiC65N-C10/1P (L1~L3) 备用

C1 iC65N-C16/2P/vigi 0.03A ZR-BV-3X2.5 SC25 WC (L1) 下一层检修插座
C2 iC65N-C16/2P/vigi 0.03A ZR-BV-3X2.5 SC25 WC (L2) 本层检修插座
C3 iC65N-C16/2P/vigi 0.03A ZR-BV-3X2.5 SC25 WC (L3) 上一层检修插座

楼层电表箱
1DBX2(3~18)-1
2DBX2(3~18)-1
P_e=36kW
K_X=0.8
$\cos\phi$=0.85
I_{js}=51.5A

DT862a 10(40)A L1 iC65N-C40/2P ZR-BV-3X10 SR SC32 WC(FC) WL1 1AL2(3~18)-1 6kW
Wh

DD862a 10(40)A L2 iC65N-C40/2P ZR-BV-3X10 SR SC32 WC(FC) WL2 1AL2(3~18)-2 6kW
Wh

DD862a 10(40)A L3 iC65N-C40/2P ZR-BV-3X10 SR SC32 WC(FC) WL3 1AL2(3~18)-3 6kW
Wh

vigiNSX160N-100A/4P/MX+OF
100mA 0.3S

DT862a 10(40)A L1 iC65N-C40/2P ZR-BV-3X10 SR SC32 WC(FC) WL4 1AL2(3~18)-4 6kW
Wh

iC65H-D25/4P

PRD40/3P+N

DT862a 10(40)A L2 iC65N-C40/2P ZR-BV-3X10 SR SC32 WC(FC) WL5 1AL2(3~18)-5 6kW
Wh

DD862a 10(40)A L3 iC65N-C40/2P ZR-BV-3X10 SR SC32 WC(FC) WL6 1AL2(3~18)-6 6kW
Wh

户内箱(ALL2(3~18)-2,3)
1AL2(3~18)-1~6
2AL2(3~18)-1~6
P_e=6kW

L1 iC65N-C16/1P BV-3X2.5 PVC20 CC WL1 照明

L2 iC65N-C20/2P/vigi 0.03A BV-3X4 PVC25 CC WL3 壁挂式空调

L3 iC65N-C20/2P/vigi 0.03A BV-3X4 PVC25 CC WL4 壁挂式空调

L1 iC65N-C20/2P/vigi 0.03A BV-3X4 PVC25 CC WL8 壁挂式空调

iC65N-C40/2P
iMN+iMSU

L2 iC65N-C20/2P/vigi 0.03A BV-3X4 PVC25 FC WL2 空调柜机插座

iC65H-D25/4P

L3 iC65N-C16/2P/vigi 0.03A BV-3X2.5 PVC20 FC WL5 一般插座

PRD40/3P+N

L1 iC65N-C20/2P/vigi 0.03A BV-3X4 PVC25 FC WL6 厨房插座

L2 iC65N-C20/2P/vigi 0.03A BV-3X4 PVC25 FC WL7 电热水器插座

L3 iC65N-C10/1P BV-3X2.5 PVC20 FC WL9 弱电报警主机电源

(b)

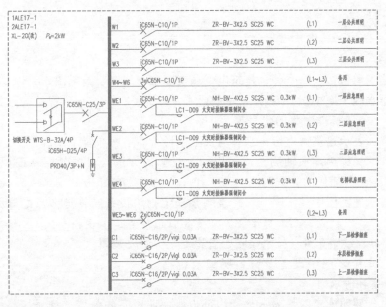

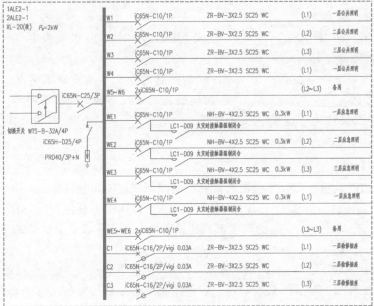

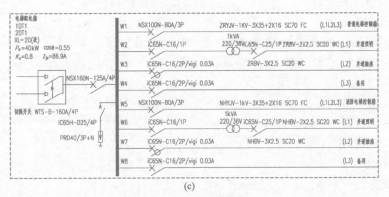

(c)

图 12-2　配电干线、系统图

五、单元测试

（一）填空题

1. 设备施工图包括_____、建筑电气施工图和_____施工图。

2. 给水排水施工图中设计说明主要包括_____、_____、管材的选用、管道的连接方式、_____、标准图集的代号等。

3. _____表示建筑物内给排水管道及卫生设备的平面布置情况。

4. _____又称给排水轴测图，是用轴测投影的方法，根据各层平面图中卫生设备、管道及_____绘制而成的，分为_____和_____系统图。

5. 给水排水施工图中_____，它表明某些给排水设备或管道节点的详细构造与安装要求。包括_____、大样图、标准图，主要是管道节点、水表、_____、水加热器、开水炉、卫生器具、过墙套管、排水设备、管道支架等的安装图。

6. 给水排水施工图中设备及材料明细表包括_____、_____、单位、数量、重量及备注等项目。

7. 室内电气照明施工图是表示房屋内部电气照明设备的位置、型号规格、线路走向及施工要求的图样，通常由_____、_____、_____及_____等部分组成。

8. 电气照明平面图是表达_____、配电箱、_____及电气设备_____、型号规格和安装要求的图样。

9. 电气照明系统图是表明_____，配电回路的分布和相互联系情况的示意图，标有整个建筑物内部的_____和_____、配电装置、导线型号、穿线管径等。

10. 电气照明设计施工说明主要说明_____、_____、电气设备的规格及安装要求等。

（二）选择题

1. 设备施工图包括三部分专业图纸，它们的图纸组成不包括（　　）。

A. 基础平面图　　　B. 平面布置图　　　C. 管线走线系统图　　　D. 设备详图

2. （　　）把室外给水管网的水输配到建筑物内各种用水设备处，即表示出建筑物内部管线的走向和分布图。

A. 室外给水系统　　B. 室内给水系统　　C. 给水系统　　　　　D. 排水系统

3. 在电气工程图中导线的敷设部位一般要用文字符号进行标注，其中CC表示（　　）。

A. 暗敷设在梁内　　　　　　　　　B. 暗敷设在柱内

C. 暗敷设在地面内　　　　　　　　D. 暗敷设在顶板内

4. 给水系统识读阅读分析的步骤包括：①引入管、②干管、③支管、④用水设备、⑤水表井、⑥立管，一般应按（　　）顺序进行。

A. ②⑤①⑥③④　　B. ①⑤②⑥③④　　C. ①⑤⑥②③④　　　D. ①②⑤⑥③④

5. 电气系统识读阅读分析的步骤包括：①进户线、②用电设备、③配电盘、④分配电板、⑤支线、⑥干线，一般应按（　　）顺序进行。

A. ①⑥③④⑤②　　　　　　　　　B. ①③④⑥⑤②

C. ①③⑥④⑤②　　　　　　　　　D. ①⑥③⑤④②

6. 给水管标高一般为（　　）标高。

A. 管顶　　　　　　B. 管中心　　　　　C. 管底　　　　　　　D. 管内底

7. 排水管标高一般为（　　）标高。

A. 管顶　　　　　　　B. 管中心　　　　　　　C. 管底　　　　　　　D. 管内底

8. ——◯口图例在排水系统图中表示（　　）。

A. 清扫口　　　　　　B. 地漏　　　　　　　　C. 检查口　　　　　　D. 通气帽

9. （　　）是表现电气工程中设备的某一部分的具体安装要求和做法的图纸。

A. 详图　　　　　　　B. 电气平面图　　　　　C. 设备布置图　　　　D. 系统图

10. ▬▬在电气工程施工图中表示（　　）。

A. 电表　　　　　　　B. 熔断器　　　　　　　C. 配电箱　　　　　　D. 接线盒

（三）简答题

1. 简述给排水平面图主要内容。

2. 简述给水排水施工图识读步骤。

3. 简述电气照明平面图的主要内容。

4. 简述电气照明系统图的主要内容。

5. 简述电气工程施工图识读步骤。

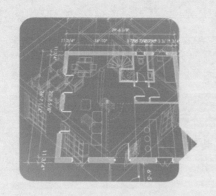

第十三章
装饰施工图

一、实训要求

(1) 掌握识读装饰施工图的方法。

(2) 掌握用计算机绘制装饰施工图的方法和技巧。

二、本章重、难点分析

1. 一套完整的建筑装饰施工图包括的内容

(1) 装饰平面图 $\begin{cases} 原始平面图 \\ 平面布置图 \\ 地面材料示意图 \\ 顶棚平面图 \end{cases}$

(2) 装饰立面图

(3) 装饰详图

(4) 家具图

2. 识读装饰平面图的要点

(1) 看标题栏，分清是何种平面图；

(2) 通过原始平面图和平面布置图，了解房屋装修前后功能区域的划分及变化；

(3) 通过平面布置图了解房间的使用功能及建筑面积，使用面积；

(4) 通过平面布置图了解室内家具、陈设、电器、厨房用品、卫生洁具、绿化等的平面布置及装饰风格；

(5) 通过地面材料示意图和顶棚平面图了解各界面所用的装饰材料种类、规格、形状及界面标高。

3. 识读装饰立面图的要点

(1) 看平面布置图，在平面布置图中按照投影符号的指向，从中选择要识读的室内立面图；

(2) 在平面布置图中明确该墙面位置有哪些固定家具和室内陈设及他们的定形、定位尺寸；

(3) 了解立面的装饰形式及变化；

(4) 注意墙面装饰造型及尺寸、材料、色彩和施工方法；

(5) 查看立面标高、其他细部尺寸、索引符号等。

4. 识读装饰详图的要点

(1) 通过图名，索引符号找出与其他图纸的关系；

(2) 结合装饰平面图和装饰立面图，确定装饰详图的位置；

(3) 读懂装饰详图，了解装饰结构与建筑结构的关系；

(4) 认真查阅图纸，了解剖面详图和节点大样图中的各种材料的组合方式和施工要求。

5. 识读家具图的要点

(1) 通过图名，了解家具的用途；

(2) 结合平面布置图，了解家具的放置位置；

(3) 结合平面布置图、顶棚平面图，分析家具的风格与居室风格是否一致；

(4) 结合地面材料示意图、顶棚平面图，分析家具的色彩与室内色彩是否协调；

(5) 结合立面图，了解家具与地面、顶面的关系。

三、典型例题分析

例 13-1　识读某教师公寓 B 户型装饰施工图。

→ **分析指导**

由原始结构图（图 13-1）知：这是一套南北朝向的两室一厅、一厨、一卫、一内阳台的户型，框架结构。

原始结构图 1:50

图 13-1

→ **识图步骤**

(1) 识读平面布置图（图 13-2）

① 功能区域的划分及变化；

② 房间的使用功能及平面尺寸、地面标高；

③ 门、窗的位置，形式、大小及开启方式；

④ 室内家具、陈设、家用电器、绿化等的平面布置及图例符号；

⑤ 索引符号及必要的说明。

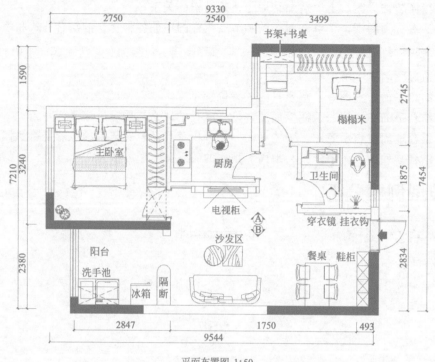

平面布置图 1:50

图 13-2

(2) 识读地面铺贴图（图 13-3）

① 房间地面材料的选用及尺寸；

② 房间地面的铺砌形式、形状范围；

③ 各房间之间地面的衔接方式；

④ 房间地面的装饰风格、色彩、图案等；

⑤ 房间的地面标高及变化。

(3) 识读顶棚平面图（图 13-4）

① 顶棚的装饰平面造型形式和尺寸大小；

② 房间顶棚所用的装饰材料及标高；

③ 灯具的种类、规格、安装位置及布置方式；

④ 中央空调通风口、烟感器、自动喷淋器及与顶棚有关的设备的平面布置形式及安装位置。

(4) 识读立面图（图 13-5）

① 在平面布置图中按照投影符号的指向，选择要识读的室内立面图；

② 在平面布置图中明确该墙面位置有哪些固定家具和室内陈设及它们的定型、定位尺寸；

③ 了解立面的装饰形式及变化；

④ 墙面装饰造型及尺寸、材料、色彩和施工方法。

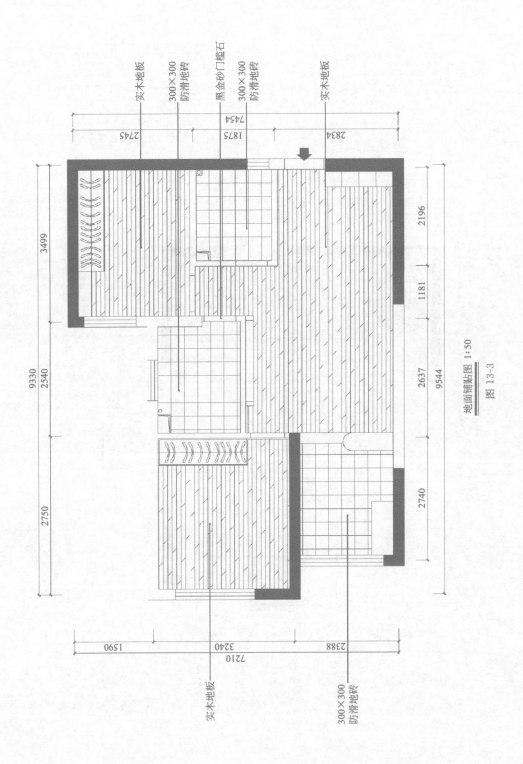

地面铺贴图 1:50

图 13-3

土木工程制图与
CAD/BIM技术实训教程

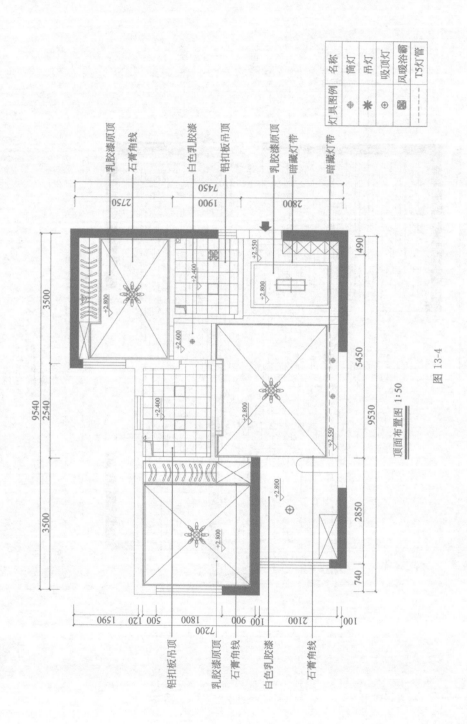

灯具图例	名称
⊕	筒灯
✳	吊灯
⊕	吸顶灯
▣	风暖浴霸
- - - -	T5灯管

顶面布置图 1:50

图 13-4

132

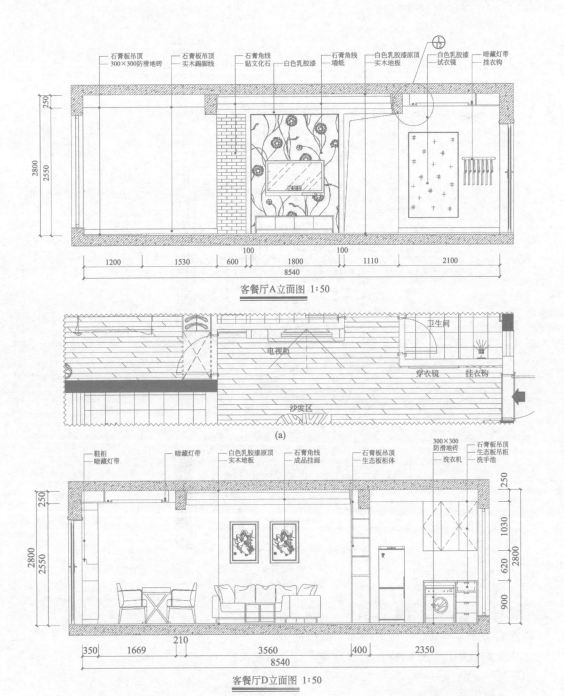

石膏板吊顶 300×300防滑地砖 石膏板吊顶 实木踢脚线 石膏角线 贴文化石 白色乳胶漆 石膏角线 墙纸 白色乳胶漆原顶 实木地板 白色乳胶漆 试衣镜 暗藏灯带 挂衣钩

2800 2550 250

1200 1530 600 100 1800 100 1110 2100
8540

客餐厅A立面图 1:50

卫生间
电视柜
穿衣镜 挂衣钩
沙发区

(a)

鞋柜 暗藏灯带 暗藏灯带 白色乳胶漆原顶 实木地板 石膏角线 成品挂画 石膏板吊顶 生态板柜体 300×300防滑地砖 洗衣机 石膏板吊顶 生态板吊柜 洗手池

2800 2550 250

250 1030 620 900 2800

350 1669 210 3560 400 2350
8540

客餐厅D立面图 1:50

冰箱
餐桌
鞋柜 沙发区 阳台
挂衣钩 穿衣镜 矮柜

(b)

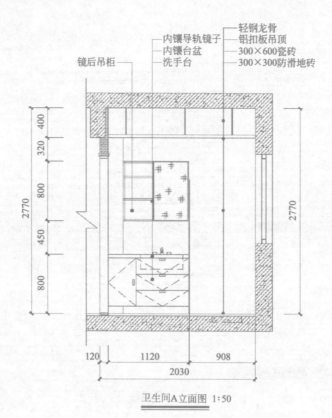

镜后吊柜 内镶导轨镜子 轻钢龙骨
内镶台盆 铝扣板吊顶
洗手台 300×600瓷砖
300×300防滑地砖

卫生间A立面图 1:50

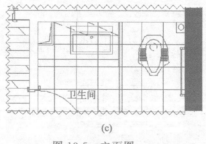

(c)

图13-5 立面图

(5) 识读装饰详图（图13-6）

① 装饰造型样式，材料选用及详细尺寸；

② 装饰结构与建筑结构之间的连接方式及衔接尺寸；

③ 装饰配件的规格、尺寸和安装方法；

④ 色彩及施工方法说明；

⑤ 索引符号、图名、比例等。

(6) 识读家具图（图13-7）

① 家具的图名及安装说明；

② 家具的设计风格、造型及尺寸；

③ 家具的材料、制作要求、加工方法；

④ 家具的装饰要求和色彩要求；

⑤ 家具的内部结构，接合方式。

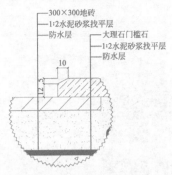

(a) 厨房门槛石剖面图 1:10

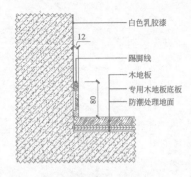

(b) 踢脚线剖面图 1:5

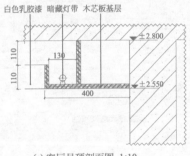

(c) 卫生间阳角剖面图 1:10

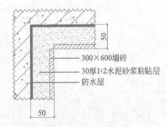

(d) 卫生间阴角剖面图 1:10

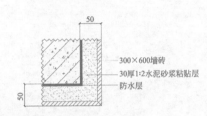

(e) 客厅吊顶剖面图 1:10

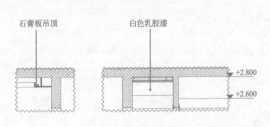

(f) 客厅吊顶剖面图 1:10

图 13-6　装饰详图

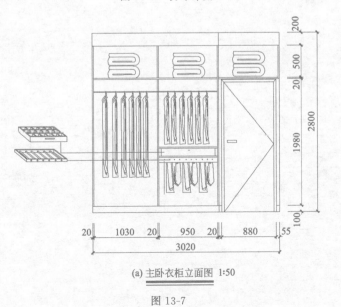

(a) 主卧衣柜立面图 1:50

图 13-7

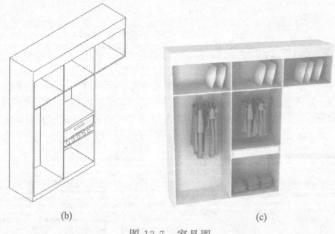

(b)　　　　　　　　　　　　(c)

图 13-7　家具图

四、实训任务

　　1. 用 CAD 抄画某住宅装饰平面图。

　　（1）原始平面图（图 13-8）

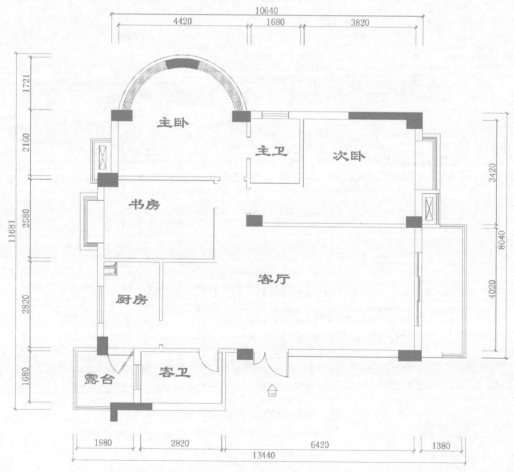

图 13-8　原始平面图

（2）平面布置图（图 13-9）

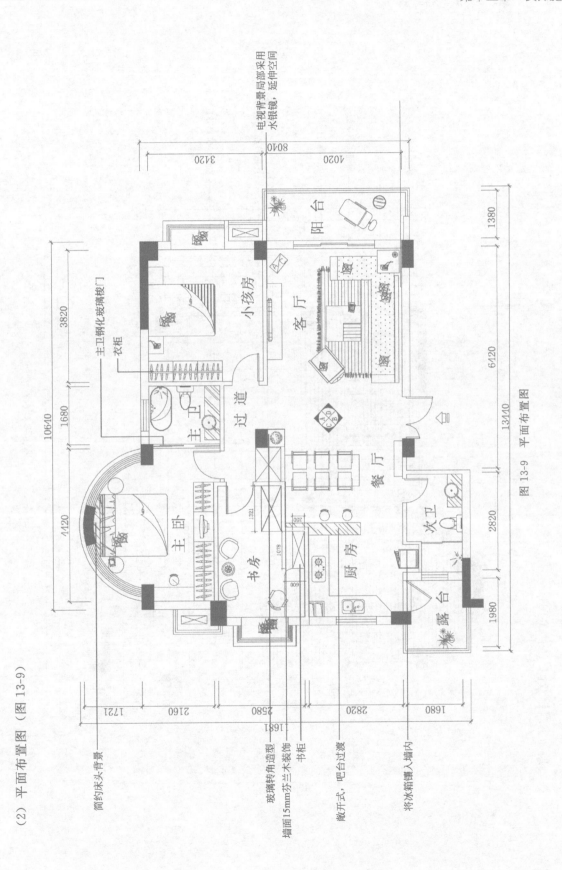

图 13-9 平面布置图

（3）地面材料示意图（图 13-10）

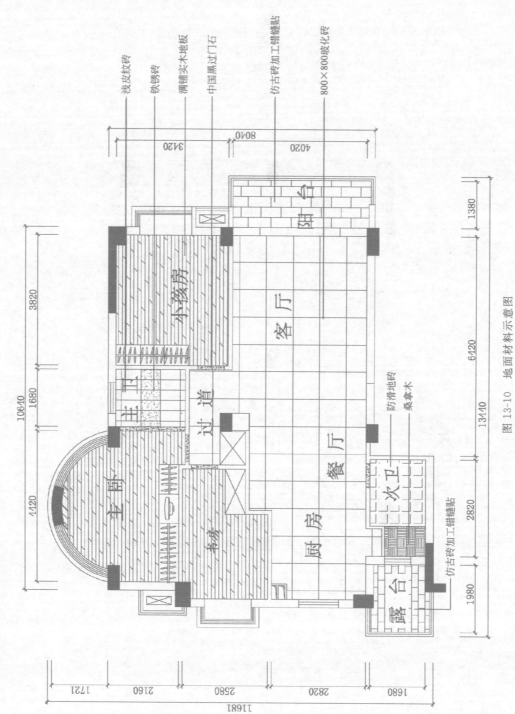

图 13-10 地面材料示意图

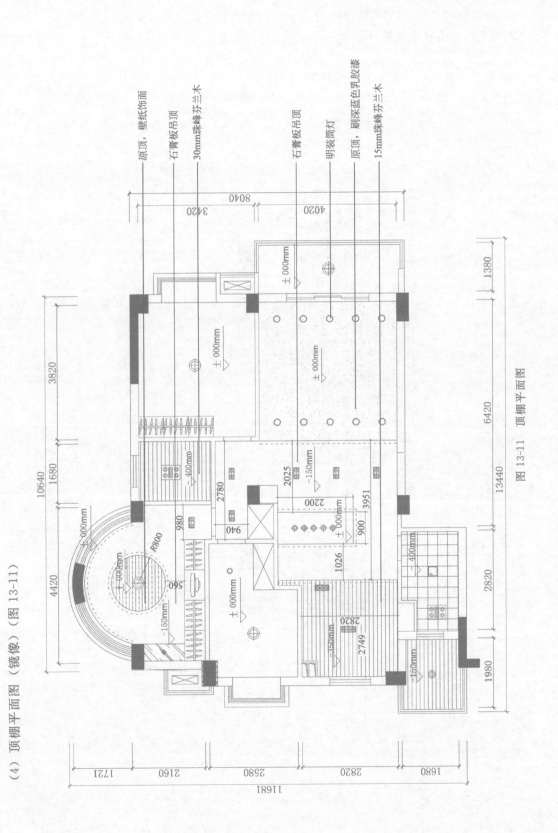

（4）顶棚平面图（镜像）（图 13-11）

图 13-11 顶棚平面图

2. 用 CAD 抄画某住宅装饰立面图

(1) 餐厅、客厅立面图（图 13-12）

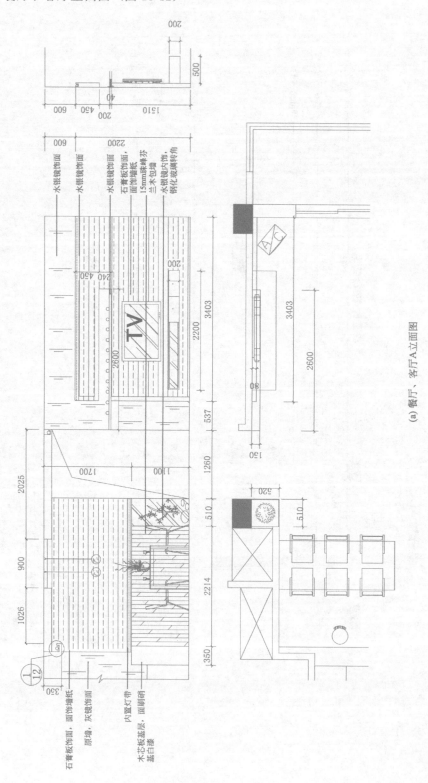

(a) 餐厅、客厅A立面图

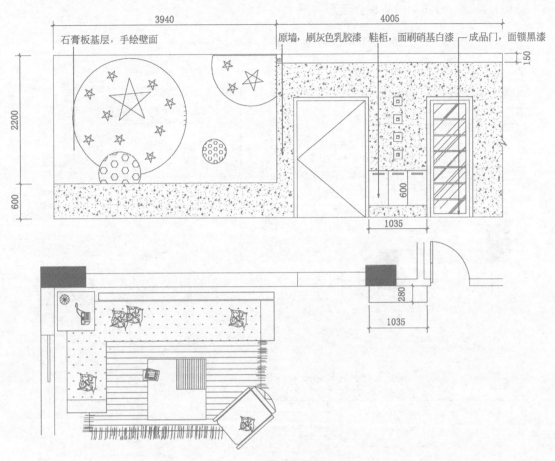

(b) 客厅B立面图

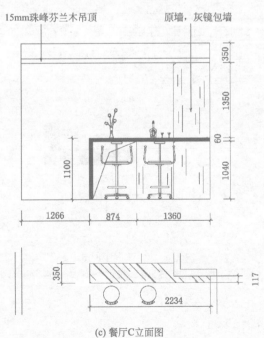

(c) 餐厅C立面图

图 13-12　餐厅、客厅立面图

（2）卧室、过道、卫生间立面图（图 13-13）

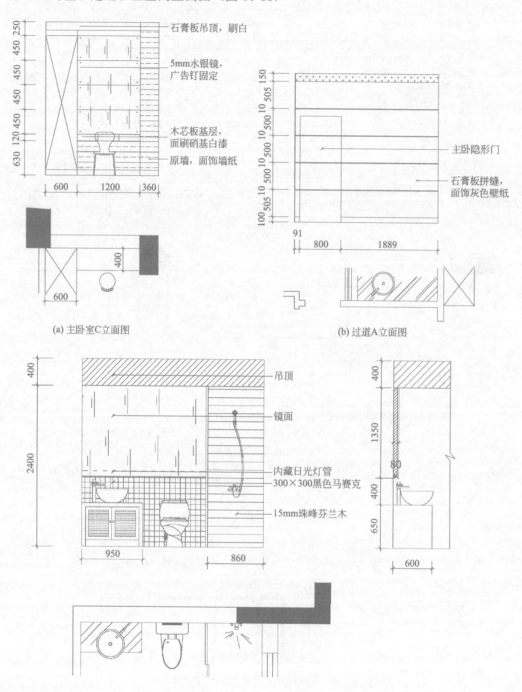

（a）主卧室C立面图

（b）过道A立面图

（c）客卫B立面图

图 13-13　卧室、过道、卫生间立面图

3. 用 CAD 抄画某住宅卧室衣柜图

（1）主卧衣柜图（图 13-14）

（2）小孩房衣柜图（图 13-15）

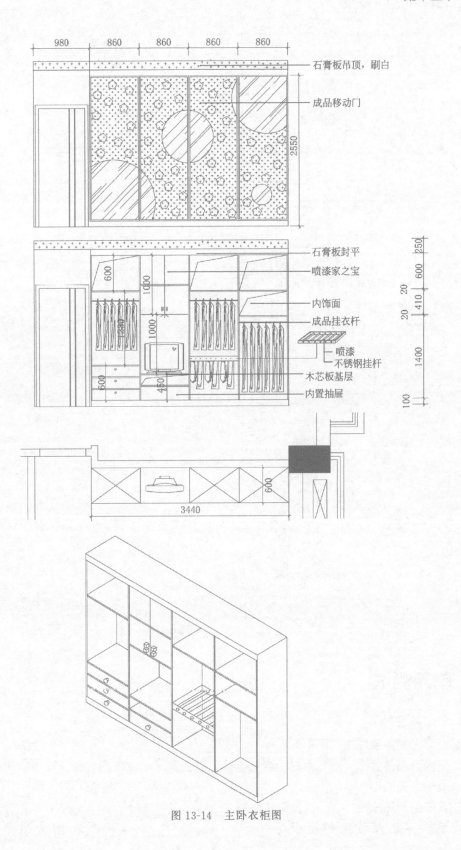

图 13-14 主卧衣柜图

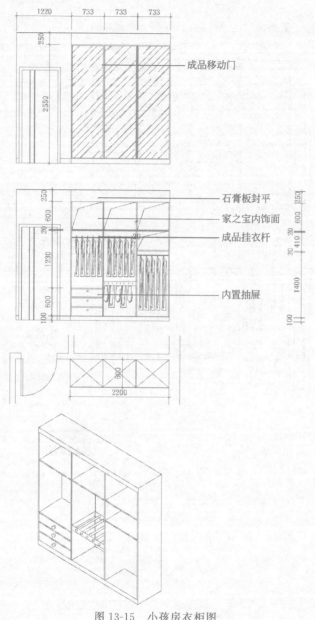

成品移动门

石膏板封平
家之宝内饰面
成品挂衣杆

内置抽屉

图 13-15　小孩房衣柜图

五、单元测试

（一）填空题

1. 一套完整的装饰施工图由_____、_____、_____、_____组成。

2. 室内空间的大小、形状由三个界面组成，它们是_____、_____、_____。

3. 装饰平面图由_____、_____、_____、_____组成。

4. 顶棚平面图采用_____投影法绘制。

5. 装饰平面图常用的比例为_____、_____，装饰立面图常用的比例为_____、_____。

6. 装饰详图是_____、_____的依据。

7. 室内装饰立面图中墙面的装饰造型及门、窗用_____表示。

8. 对需要另画剖面详图的顶棚平面图，应注明_____或索引符号。

9. 节点图表达家具的_____尺寸及连接方式。

10. 家具图由_____、_____、_____组成。

（二）选择题

1. 在平面图中剖切到的墙体、柱子等用（　）表示。
A. 粗实线　　　B. 中粗实线　　　C. 细实线　　　D. 细虚线　　　E. 细点画线

2. 在平面图中未被剖切到的墙体立面的洞、龛等用（　）表明其位置。
A. 粗实线　　　B. 中粗实线　　　C. 细实线　　　D. 细虚线　　　E. 细点画线

3. 在平面图中未被剖切到的但能看到的物体用（　）表示。
A. 粗实线　　　B. 中粗实线　　　C. 细实线　　　D. 细虚线　　　E. 细点画线

4. 平面布置图、地面材料示意图中房门的开启线用（　）表示。
A. 粗实线　　　B. 中粗实线　　　C. 细实线　　　D. 细虚线　　　E. 细点画线

5. 在顶棚平面图中只画门洞的位置，不用画房门的（　）。
A. 粗实线　　　B. 中粗实线　　　C. 细实线　　　D. 开启线　　　E. 细点画线

6. 室内装饰立面图的外轮廓线用（　）表示。
A. 粗实线　　　B. 中粗实线　　　C. 细实线　　　D. 细虚线　　　E. 细点画线

7. （　）表明烟感器等与顶棚有关的设备的平面布置形式及安装位置。
A. 轴测图　　　B. 三视图　　　C. 地面材料示意图　　　D. 顶棚平面图

8. （　）反映房间地面材料的选用及尺寸。
A. 轴测图　　　B. 三视图　　　C. 地面材料示意图　　　D. 顶棚平面图

9. （　）能直观地表达家具的形状和样式，但不能直接反映家具的真实大小。
A. 轴测图　　　B. 三视图　　　C. 地面材料示意图　　　D. 顶棚平面图

10. （　）能全面反映家具的造型及尺寸，但图形缺乏立体感。
A. 轴测图　　　B. 三视图　　　C. 地面材料示意图　　　D. 顶棚平面图

（三）简答题

1. 简述装饰设计与建筑设计的关系。

2. 装饰平面图和建筑平面图有什么区别？

3. 装饰立面图与建筑立面图有什么区别？

4. 简述用 Auto CAD 绘制平面图的绘图步骤。

5. 简述家具图的识读要点。

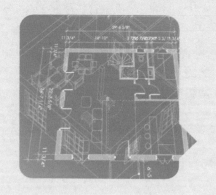

第十四章
BIM技术入门与
三维建模

一、实训要求

(1) 了解 BIM 的概念、BIM 的基本特点及应用范围。

(2) 了解 BIM 与传统 CAD 之间的联系和区别。

(3) 掌握 Revit 基本绘图流程，完成建筑的基本建模。

二、本章重、难点分析

1. BIM 的定义

BIM（Building Information Modeling）——建筑信息模型，是由 Autodesk 公司在 2002 年首次提出的。BIM 即通过数字信息仿真模拟建筑物所具有的真实信息，在这里信息不仅是三维几何形状信息，还包含大量的非几何形状信息，如建筑构件的材料、重量、价格和进度等。

2. BIM 的基本特点

可视化、协同性、模拟性、优化性、可出图性。

3. BIM 与传统 CAD 之间的联系与区别

① BIM 软件可直接导入 CAD 图，在 CAD 的基础上进行建模。也可在 BIM 软件内自行绘制建筑图。

② CAD 的核心是一种集合，将各种图形文件集合成为建筑所需的各类图纸，文件中所包含的信息主要是建筑物的外形、尺寸等。

③ 模型中的所有内容都是参数化和相互关联的，这种技术产生"协调的、内部一致并且可运算的"建筑信息，是 BIM 的核心特征。

④ BIM 团队则是围绕诸如项目管理、内容创立等活动开展工作。

4. BIM 技术的应用

需要借助相应的软件平台，其中起步较早，现在应用较广的是 Revit 软件，Revit 是 Autodesk 公司一套系列软件的名称，是专门为建筑信息模型而开发的 BIM 软件。

5. 标高的编辑及绘制

① 编辑样板中"已有标高值/选择标高绘制"命令里的"拾取线"命令，可以直接拾取 CAD 底图上的标高线。

② 绘制标高。

③ 调整各视图标高标头位置。

6. 轴网的编辑及绘制

① 绘制轴线；

② 编辑轴网。

7. 墙体的编辑及绘制

① 绘制墙体；

② 编辑墙体；

③ 附着/分离。

8. 门窗建模

门窗是基于墙体绘制的。单击【常用】选项卡【构件】面板下的【门】、【窗】命令，在类型选择器下，选择所需的门、窗类型，如果需要更多的门、窗类型，可以从库中载入。

9. 墙体建模

① 拾取绘制楼板；

② 绘制生成楼板。

10. 楼梯建模

① 绘制楼梯；

② 楼梯属性；

③ 栏杆扶手。

三、典型例题分析

例 14-1 绘制一段多层现浇整体式楼梯，楼梯参数参考本实训教程的配套教材第十章楼梯图 10-68、图 10-69，并为楼梯设计栏杆扶手。

→ 分析指导

Revit 制作楼梯是在平面视图或三维视图中创建通用梯段构件。可以使用单个梯段、平台和支撑构件组合楼梯。使用梯段构件工具可创建通用梯段，例如直梯、弧型梯段、螺旋梯段或斜踏步梯段。在楼梯编辑部件模式中选择栏杆扶手类型，但在单击【完成】以完成楼梯之前不会看到栏杆扶手。使用直接操纵控件可以单独修改梯段构件。基于构件的梯段会自动与楼梯系统中的其他构件（如平台和支撑）交互。

→ 作图步骤

(1) 绘制楼梯

① 绘制参照平面：辅助楼梯精确定位用参照平面绘制出楼梯起始、终止位置以及楼梯中心线是楼梯绘制的准备工作。

② 梯段：捕捉参照平面交点绘制单跑、双跑楼梯踏步与边界草图。

③ 休息平台宽度可通过编辑草图轮廓修改。

(2) 编辑楼梯属性　楼梯属性设置：单击【属性】命令，打开"类型属性"对话框选择楼梯类型，设置楼梯参数。在"属性"及"类型属性"对话框中设置实例参数梯段"宽度""基准标高""基准偏移""顶部标高""顶部偏移"等参数，单击【应用】。当楼层层高相同时，只需在"属性"对话框中勾选"多层顶部标高"，选择到相应的标高即可制作多层楼梯。楼梯参数设置如图 14-1 所示。

图 14-1　编辑楼梯属性

（3）创建栏杆扶手　楼梯绘制完成后扶手同时生成，但栏杆扶手可单独编辑、替换类型或删除而不影响楼梯的任何设置。单击【常用】选项卡【扶手】命令，进入绘制布置扶手路径草图模式。创建栏杆扶手只需要绘制布置扶手的路径线即可。如果是和楼梯、楼板、坡道等主体相关联的栏杆扶手，则需要为栏杆扶手设置主体对象，栏杆扶手可自动沿所设置主体创建。如图 14-2 所示。

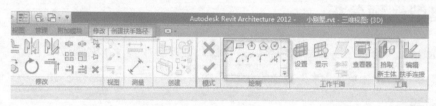

图 14-2　创建栏杆扶手

为方便捕捉绘制，建议在楼层平面视图中创建栏杆扶手，在项目浏览器中，双击一平面视图名称，例如"F1"，打开楼层平面视图。绘制的多层现浇整体式楼梯及栏杆扶手如图 14-3、图 14-4 所示。

图 14-3　多层现浇整体式楼梯

图 14-4　楼梯栏杆扶手

例 14-2　在已知轴网的基础上绘制楼板，并在楼板适当地方开洞。已知轴网见图 14-5 所示。

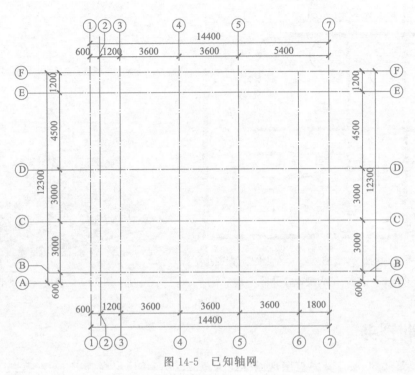

图 14-5　已知轴网

→ 分析指导

Revit 软件绘制预留洞口，需要先绘制楼板，单击【拾取线】或【拾取墙】命令，也可通过单击【插入】→【链接 CAD】或者【导入 CAD】命令将已绘制好的 CAD 图导入即可。封闭楼板绘制成功后，只需绘制开洞的轮廓，再单击【完成楼板】命令创建开洞楼板。

→ 作图步骤

（1）拾取绘制楼板。单击【常用】选项卡下的【楼板】命令，进入绘制楼板轮廓草图模式。单击【绘制】面板下的【拾取线】或【拾取墙】命令，设置偏移值、勾选"延伸到墙中（至核心层）"即可生成楼板。拾取绘制楼板如图 14 6 所示。

（2）绘制生成楼板。单击【线】命令，用线绘制工具绘制封闭楼板轮廓。完成草图后，单击【完成楼板】创建楼板，如图 14-7 所示。

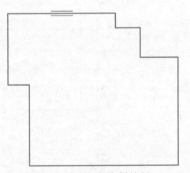

图 14-6　拾取绘制楼板

图 14-7　绘制生成楼板

(3) 如果需要在楼板上开洞，则只需要绘制需要开洞的轮廓，再单击【完成楼板】创建开洞楼板。绘制过程如图 14-8 所示，生成的楼板开洞三维立体图如图 14-9 所示。

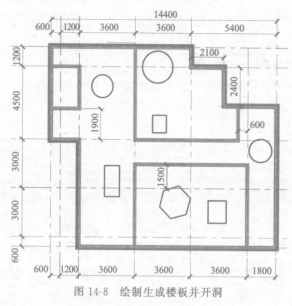

图 14-8　绘制生成楼板并开洞

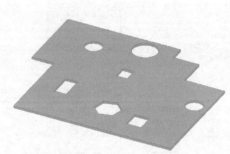

图 14-9　楼板三维效果图

四、实训任务

1. 某建筑共 50 层，其中首层地面标高为 ±0.000，首层层高为 5.6m，第二～第四层层高 4.8m，第五层及以上均层高 3m。请按要求建立项目标高，并建立每个标高的楼层平面视图，并且请按照图 14-10、图 14-11 所示平面图中的轴网要求绘制项目轴网。最终结果以"标高轴网"为文件名保存为样板文件。

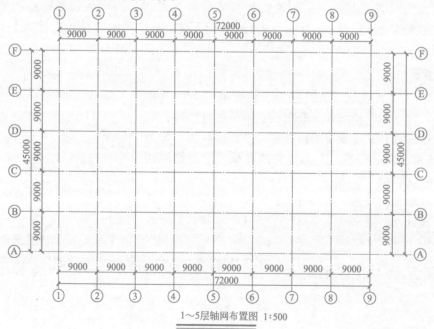

1～5层轴网布置图 1:500

图 14-10　1～5 层轴网平面图

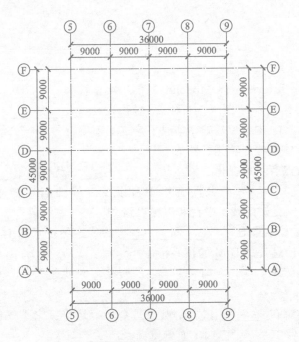

6层及以上轴网布置图　1:500

图 14-11　6 层轴网平面图

2. 如图 14-12 所示，根据图中的尺寸创建楼梯样式，并给楼梯添加任意扶手及材质。

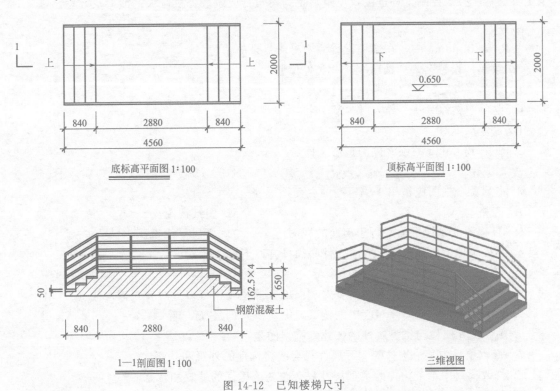

底标高平面图 1:100

顶标高平面图 1:100

1—1剖面图1:100

三维视图

图 14-12　已知楼梯尺寸

五、单元测试

（一）填空题

1. BIM（Building Information Modeling）的中文全称为＿＿＿＿＿＿＿＿＿。

2. 目前国内用得比较多的 BIM 软件主要包括＿＿＿＿、＿＿＿＿、鲁班 BIM 等。

3. BIM 是以＿＿＿＿技术为基础，集成了建筑工程项目各种相关信息的工程数据模型，BIM 是对工程项目设施实体与功能特性的＿＿＿＿。

4. BIM 的基本特点有：可视化、＿＿＿＿、＿＿＿＿、优化性、＿＿＿＿。

5. BIM 技术通过＿＿＿＿的共同工作平台以及三维的信息传递方式，可以为实现＿＿＿＿、一体化提供良好的技术平台和解决思路。

6. 模型中的所有内容都是＿＿＿＿和＿＿＿＿的，这种技术产生"协调的、内部一致并且可运算的"建筑信息，是 BIM 的核心特征。

7. BIM 实现了从传统＿＿＿＿向＿＿＿＿的转变，它使建筑信息更加全面、直观地展现出来。

8. BIM 保证了建筑在＿＿＿＿内各个阶段每个环节运作。它不仅仅强调建筑项目在策划、设计、施工、运营中某一个方面，而更重视＿＿＿＿。

9. BIM 最直观的特点在于＿＿＿＿，利用 BIM 的三维技术在前期可以进行＿＿＿＿，优化工程设计。

10. BIM 信息模型的＿＿＿＿、＿＿＿＿、＿＿＿＿在建筑行业的应用，不但能大大减少工程成本、有效控制工程进度及质量，也为建筑行业发展提供巨大的助力及效益。

（二）选择题

1. Revit Building 中，在哪里设置渲染材质目录的位置（　　　）。

A. 菜单"设置"→"选项"→"文件位置"

B. 菜单"设置"→"选项"→"渲染"

C. 菜单"文件"→"导入/链接"

D. 以上都不对

2. Revit Building 的族文件的扩展文件名为（　　　）。

A. .rvp　　　　B. .rvt　　　　C. .rfa　　　　D. .rft

3. 下列哪个视图应被用于编辑墙的立面外形（　　　）。

A. 表格　　　　　　　　　　B. 图纸视图

C. 3D 视图或是视平面平行于墙面的视图　　D. 楼层平面视图

4. 导入场地生成地形的 DWG 文件必须具有如下哪个数据（　　　）。

A. 颜色　　　　B. 图层　　　　C. 高程　　　　D. 厚度

5. 使用"对齐"编辑命令时，要对相同的参照图元执行多重对齐，请按住（　　　）。

A. Ctrl 键　　　　B. Tab 键　　　　C. Shift 键　　　　D. Alt 键

6. 关于图元属性与类型属性的描述，错误的是（　　　）。

A. 修改项目中某个构件的图元属性只会改变构件的外观和状态

B. 修改项目中某个构件的类型属性只会改变该构件的外观和状态

C. 修改项目中某个构件的类型属性会改变项目中所有该类型构件的状态

D. 窗的尺寸标注是它的类型属性，而楼板的标高就是实例属性

7. 楼板的厚度决定于（　　　）。

A. 楼板结构　　　　　B. 工作平面　　　　　C. 构件形式　　　　　D. 实例参数

8. 不能给以下哪种图元放置高程点（　　　）。

A. 墙体　　　　　　　B. 门窗洞口　　　　　C. 线条　　　　　　　D. 轴网

9. 关于扶手的描述，错误的是（　　　）。

A. 扶手不能作为独立构件添加到楼层中，只能将其附着到主体上，例如楼板或楼梯

B. 扶手可以作为独立构件添加到楼层中

C. 可以通过选择主体的方式创建扶手

D. 可以通过绘制的方法创建扶手

10. 如何实现轴线的轴网标头偏移（　　　）。

A. 选择该轴线，修改类型属性的设置

B. 单击标头附近的折线符号，按住"拖拽点"即可调整标头位置

C. 以上两种方法都可

D. 以上两种方法都不可

（三）简答题

1. 简述 BIM 的含义。

2. BIM 的基本特点有哪些？

3. BIM 与传统 CAD 的区别是什么？

4. 简述 Revit 建模的基本流程。

5. 简述 Revit 中标高的设置。

参 考 文 献

[1] 吴慕辉. 建筑制图与 CAD. 第 2 版. 北京：化学工业出版社，2014.

[2] GB/T 50001—2010 房屋建筑制图统一标准.

[3] GB/T 50103—2010 总图制图标准.

[4] GB/T 50104—2010 建筑制图标准.

[5] GB/T 50105—2010 建筑结构制图标准.

[6] GB/T 50106—2010 建筑给水排水制图标准.

[7] GB/T 50114—2010 暖通空调制图标准.

[8] 11G101—1 国家建筑标准设计图集混凝土结构施工图平面整体表示方法制图规则和构造详图（现浇混凝土框架、剪力墙、梁、板）.

[9] JGJ/T 244—2011 房屋建筑室内装饰装修制图标准.